创客教育丛书

Arduino 探究实验

沈金鑫　顾晓春　蒋　帆　编著

北京航空航天大学出版社

内容简介

本书主要讲述 Arduino 在中学数字化实验中的运用与实践。首先介绍了数字化探究和 Arduino 的基础知识;然后讲解了温度、电量、力与质量、运动的测量与实验,并通过基础案例和拓展项目深入地讲解了传感器的使用;最后讲解了生化类的实验案例。

本书适合大中专院校的理工类、电子类、通信类、计算机类等专业学生阅读,还适合中小学信息技术类、创客教育类的教师作为参考资料。

图书在版编目(CIP)数据

Arduino 探究实验 / 沈金鑫,顾晓春,蒋帆编著. --
北京 : 北京航空航天大学出版社,2017.7
ISBN 978 - 7 - 5124 - 2473 - 9

Ⅰ. ①A… Ⅱ. ①沈… ②顾… ③蒋… Ⅲ. ①单片微型计算机—程序设计 Ⅳ. ①TP368.1

中国版本图书馆 CIP 数据核字(2017)第 162296 号

Arduino 探究实验

沈金鑫　顾晓春　蒋 帆 编著
责任编辑　王慕冰　潘晓丽

＊

北京航空航天大学出版社出版发行

北京市海淀区学院路 37 号(邮编 100191)　http://www.buaapress.com.cn
发行部电话:(010)82317024　传真:(010)82328026
读者信箱: emsbook@buaacm.com.cn　邮购电话:(010)82316936
北京市同江印刷有限公司印装　各地书店经销

＊

开本:710×1 000　1/16　印张:11　字数:234 千字
2017 年 9 月第 1 版　2017 年 9 月第 1 次印刷　印数:2 000 册
ISBN 978 - 7 - 5124 - 2473 - 9　定价:29.00 元

《创客教育》编委会

丛书序

创客，是指出于兴趣与爱好，努力把各种创意变为现实的人。自古以来我国就有创客精神，格物致知、天工开物和墨子、鲁班，都是最初创客的理念和践行者。"创客"一词源于英文单词"Maker"，现代的创客文化发端于欧美。美国《连线》杂志前主编克里斯·安德森(Chris Anderson)在他的《创客：新工业革命》一书中向世人这样描述创客：他们运用数字化工具，在屏幕上进行设计，并越来越多地用多种制造工具设计产品；他们同时也是互联网的新一代，因而会本能地通过互联网分享各自的创意成果，将互联网文化与合作精神带入到整个制造的过程中，他们一起联手创造着 DIY 的未来，其规模之大前所未有。

来自美国亚利桑那州的乔伊·哈迪(Joey Hudy)从小就喜欢动手做些小东西，在参加过一次 Maker Faire 后就与创客结下不解之缘。哈迪经常参加一些创客空间活动，和小伙伴们一起动手 DIY。擅长开源硬件的他制作过投石机、3D 身体扫描仪等，于 2012 年 2 月受邀参加第二届"白宫科学展"，并在时任总统奥巴马的帮助下发射了他的"顶级棉花糖大炮"。2014 年 6 月 18 日，奥巴马在美国白宫举办的 Maker Faire 上宣布将每年的 6 月 18 日定为"国家创客日"。

《Make》杂志创始人戴尔·多尔蒂(Dale Dougherty)认为，"创客运动"可以给教育带来一些很好的、甚至颠覆性的变化。2012 年，奥巴马政府宣布未来 4 年将在美国 1 000 所学校引入创客空间。在这一倡导的影响下，美国众多中小学校开始实施创客教育，将"基于创造的学习"视为学生真正需要的学习方式，能有效地培养学生创造的兴趣、信心与能力。由美国新媒体联盟发布的《2014 年地平线报告(高等教育版)》指出，在未来 3~5 年，美国高校学生将从知识的消费者转换为创造者，而创客教育在这个转变中将起到重要的作用。《2015 年地平线报告(基础教育版)》更是将创客空间列为在未来 1 年内采用的技术。

国内首个创客空间——新车间，2010 年在上海出现。2013 年"创客教育"一词最早出现在学术和媒体上，是北京景山学校吴俊杰老师发表在《中小学信息技术教育》当年 04 期题为《创客教育——开创教育新路》的一篇文章。而说到国内创客教育的缘起和发展，就不得不提"猫友汇"。Scratch 是一款由美国麻省理工学院媒体实验室

(MIT Media Lab)推出的被誉为最适合青少年儿童实现创意的图形化编程工具。由于它的头像是一只可爱的小猫咪,最初这些关注 Scratch 教学的国内爱好者们汇聚在一起,自称"猫友"。Scratch 1.4 版开始支持传感器板和乐高 Wedo 等外部硬件,因为价格的原因,猫友们多选择开源低廉的传感器板。2012 年年底,我跟常州一位创客合作自制了名为"教育创客"的 Scratch 传感器板。之所以给它起名为"教育创客",是觉得自己是做了一些创客事情的教育工作者。很快,在 2013 年年初,我又升级了这款硬件,同时将其更名为"创客教育"。现在回想起来,应该是那时跟老师们一起意识到了创客教育是一种教育,就像创客文化是一种文化。

2013 年 8 月我和猫友们参加在温州举办的第一届中小学 STEAM 教育创新论坛(现已更名为"全国中小学 STEAM 教育大会")。首届论坛以"Scratch 教学流派和创新应用"为主题,实际上其中近一半的邀请嘉宾和话题都是创客和关于创客教育的,我也获邀在技术沙龙环节分享。我们关注新兴技术的应用,如编程工具、开源硬件和 3D 打印技术等,当我们发现 Scratch 也支持被誉为"创客利器"的 Arduino 硬件时,交流和学习的需求使得越来越多的猫友走近了创客。我们也关注与 STEM 教育的结合,如通过创客教育推动跨学科知识融合的 STEM 教育或构建面向 STEM 教育的创客教育模式。2014 年 10 月在上海创客嘉年华的舞台上,我和谢作如、吴俊杰、管雪沨四人探讨过"创客文化和 STEM 课程建设"。创客教育源于教育者走近创客。

当然,创客式分享和创客对孩子的关注也促使了"创客教育"一词的诞生。新车间最初的联合发起人李大维为了方便他正在读小学的女儿能够学习 Arduino 硬件,找到了正在上海大学计算机工程与科学学院读研究生的何琪辰,于是后来就有了 ArduBlock。ArduBlock 是一款优秀的 Arduino 图形化开发平台,非常适合中小学生。

后来我们尝试着给创客教育下了一个定义,我们认为,创客教育是创客文化与教育的结合,基于学生兴趣,以项目学习的方式,使用数字化工具,倡导造物,鼓励分享,培养跨学科解决问题能力、团队协作能力和创新能力的一种素质教育。

终于,2015 年 9 月 3 日教育部办公厅在关于"十三五"期间全面深入推进教育信息化工作的指导意见(征求意见稿)中首提创客教育:有效利用信息技术推进"众创空间"建设,探索 STEAM 教育、创客教育等新教育模式。接着 2016 年年初教育部正式印发《教育信息化"十三五"规划》的通知,指出有条件的地区要积极探索信息技术在"众创空间"、跨学科学习(STEAM 教育)、创客教育等新的教育模式中的应用。2016 年 7 月 15 日教育部在"关于新形势下进一步做好普通中小学装备工作的意见"

中强调：支持探索建设综合实验室、特色实验室、学科功能教室、教育创客空间等教育环境。获得政策支持的创客教育开始在全国各地如火如荼地开展起来。实施中的创客教育可以将信息技术课、科学课、综合实践课、通用技术课等视为课堂，也可以跨学科融合，将语文、数学、物理、化学、美术等作为阵地。2017年，也就是今年的上半年，各地又纷纷出台了关于校园创客空间的建设指南或指导意见。2017年3月山东省教育厅发布了"关于印发山东省学校创客空间建设指导意见的通知"，紧接着5月河南省教育厅宣布：为推进河南省中小学创客教育，将确定100所具有一定规模的创客教育试点校。

创客教育到底是"创"还是"造"，学校如何根据自身的办学基础、学校文化、课程资源、学生需求等情况制定学校总体课程规划方案，学校到底要开设多少课程，开设哪些创客课程，开设的课程是否系统，原有的校本课程如何引入，学科课程如何融入创客教育等问题，在落实了时间（课堂）和空间（校园创客空间）之后，内容（课程）的重要性在创客教育的后续实施中则显得尤为迫切和关键。

丛书编委会

2017 年 8 月 8 日

前　言

　　Arduino 是一个开源硬件开发制作平台,不仅提供开源的硬件和软件,还拥有一批开源网络社区,例如极客工坊(www.geek-workshop.com)和 Arduino 中文社区(www.arduino.cn),这使得很多设计类、艺术类、生化类等专业学生,甚至中小学生都可以使用传感器、电机驱动、显示等一些模块来实现自己的想法,分享自己的作品和代码。

　　中学数字化实验系统主要由传感器、数据采集器和采集分析软件组成。传统的数字化实验室都是采用厂家的成套设备,学生只是连接硬件和操作软件,并不能认识和理解数字化实验的工作原理。相比之下,本书采用 Arduino 作为数据采集器,选择通用的传感器,上位机选择 LabVIEW 软件,以实现数字化实验测量系统的搭建,让学生学会利用已有的传感器和 Arduino 控制器来搭建所需的测量系统。

　　本书以传感器为主线,通过介绍传感器、Arduino 控制器的硬件连接与软件编写,辅以 LabVIEW 上位机软件,搭建出一系列不同功能的实验系统。

　　2014 年,国内创客教育尚未兴起之时,在与常州开放大学李梦军老师、广州执信中学梁志成老师交流之后,受到李老师的邀请写一本 Arduino 与中学实验方面的实战类型的书,由于不熟悉中学实验课程与教学等种种原因,一直未能成书。2014 年年底至 2015 年年初与冯倩老师合作,在《无线电》杂志连载了 4 期《用 Arduino 玩转传感器》的文章,从而形成本书的部分内容。

　　2016 年,在与南京一中的物理老师顾晓春相识之后,便开始在南京一中开设相关的社团课程,在顾晓春老师的指导下设计相关的课程实验,并带领学生使用Arduino 来设计实验。在两个学期的教学实践过程中,逐渐形成了本书。

　　本书主要讲述 Arduino 在中学数字化实验中的运用与实践。首先介绍了数字化探究和 Arduino 的基础知识;之后讲解了温度、电量、力与质量、运动的测量与实验,并通过基础案例和拓展项目深入地讲解了传感器的使用;最后给出了生化类的实验案例。其中,温度测量涉及热敏电阻、LM35 半导体传感器、DS18B20 数字传感器、热电偶传感器;电量测量涉及直流电的电压、电流测量,交流电的电压、电流和频率的测量;力的测量涉及应变式称重传感器;运动测量涉及超声波传感器、红外传感器、电机编码器;生化类实验涉及心率和颗粒物浓度传感器。

全书由沈金鑫、南京市第一中学的顾晓春、国家知识产权局专利局专利审查协作江苏中心的蒋帆和冯倩共同编写,由沈金鑫统稿。第1章由顾晓春编写,第2章由蒋帆编写,第3~7章由沈金鑫和冯倩共同编写。

本书在编写和出版的过程中,无锡市育红小学的钱耀刚老师提供了全套的中学物理、化学、生物的苏教版教材,除此之外,还得到了很多朋友和老师的帮助,在此一并表示衷心的感谢!

由于作者水平有限,加之时间仓促,书中错误在所难免,敬请广大读者不吝指正。

沈金鑫
2017 年 6 月于江宁小龙湾

目 录

第1章

数字化探究实验介绍

1.1 数字化探究实验的概念及特点

数字化探究实验的设备一般由传感器、数据采集器、计算机及相关数据处理软件等构成的测量、采集、处理设备和与之配套的相应的实验仪器装备组成。数字化探究实验是信息技术与传统实验课程整合的重要载体。

数字化探究实验具有以下特点：

1.1.1 可视化的实验过程

实验过程可视化包括实验过程空间可视性和实验过程时间可视性。它是学生学习物理过程分析，建立物理概念，理解物理规律的认知基础，也是学会处理物理问题的关键所在。

例如，在物理实验中，空间上的细微过程人眼难以观察，一般可以借助于显微镜实现细致的观察。时间上的细微过程难以捕捉，难以记录，是物理实验的一个难点，瞬间变化的可视化尤其是难点。比如弹簧振子简谐运动中力与时间 $F-t$、$x-t$ 的关系，电容充、放电电流与时间 $i-t$ 的关系，碰撞过程研究等，这类实验以往一般只能定性讲述，或者用多媒体软件进行模拟演示。

怎样突破这个难点呢？传统的实验仪器由于人眼观察、手工记录的断续性，确实难以解决这个问题。数字化实验通过与计算机连接的传感器实时采集、记录数据，实现了时间上细微过程的实验过程数据自动记录，即用传感器和计算机代替人眼、手、纸和笔记录数据，从而实现了数据记录的时间连续性，使得瞬间的变化得以捕获。

1.1.2 重点化的实验设计

数字化实验用传感器和数据采集器代替人眼读取数据，用计算机软件取代纸笔方式手工记录数据，用计算机软件代替人脑对数据进行简单统计、处理和分析，使学生摆脱了繁琐的计算过程，能够把测量数据的变化过程通过"待测物理量——时间"图像直接显示出来，直观地看出物理量之间的变化关系，使学生摆脱了手工作图的繁琐和作图不准确而造成的实验错误，从而让学生能够将更多的时间、精力用于实验设计,用于探究和分析,用于验证和修改假设,从而有利于更好地理解概念,掌握规律。

1.1.3　智能化的数据采集

智能化数据采集的基础是计算机信息技术的应用。

1. 自动化数据采集

数字化探究实验系统设置有连续采样、单点采样、阈值触发采样等多种采集模式,通过软件可以设置采集器的各种参数,实现数据采集的自动化。功能强大的数据采集器可以自动把整个实验过程中物理量的变化以高采样率完整地记录下来,存储在数据文件中。由于数据采集器提供了反馈输出,因而可以附加一些器材,通过回控使得整个实验的操作过程也实现自动化。

本系统连续采样频率可以按照实验要求设置。最高采集频率可达 5 000～10 000 Hz,采集的速度高至每秒一万个数据,低至几分钟甚至几小时一个数据,因而可以满足各种不同类型实验的需要。

2. 实时化数据采集

由于采用计算机自动控制,因而该系统能够在很短的时间内采集和处理大量的数据,并利用计算机强大的数据处理和作图功能,将数据反映成图像,使实验结果更加直观。由于数字化实验数据采集、传输、存储、处理及显示迅速,从而实现了数据变化过程与实验过程的同步,实现了数据的实时采集和实时处理。

3. 并行化数据采集

数据采集器能同时接入 4 个相同或 4 个不同的传感器,同时采集多个相同或不同种类的物理量,实现数据的同步并行采集。在弹簧振子的振动实验中,在常规讲授法教学中,学生对物理规律感觉比较抽象,理解起来十分困难,很难同时观察到回复力、加速度、速度和位移 4 个物理量在运动过程中的大小和方向。应用数字化系统的并行采集功能,在实验中分别利用力传感器和位移传感器并行实时采集数据,直观显示 F - t,x - t 的动态图像,有利于学生建立起简谐运动完整的物理图景,帮助学生获得直接经验,直接感知物理规律,取得其他教学手段难以收到的效果。

4. 定量化数据采集

定量研究是科学的特征。一些传统实验受到实验条件、实验技术的限制,难以量化。数字化实验直接使许多物理定性实验升级成定量实验。

利用传感器测量的各种物理量都要经过采集器进行处理后才能变为计算机能够存储和处理的数据。从数据的测量到采集再到处理,都是在系统内部完成的,这避免了传统实验仪器由于估读时人为引进的各种测量误差,使实验结果更精确、可靠。

例如,电压测量可以精确到 0.01 V,误差在 1% 以内,对于普通物理实验来说,这个精确度已是相当高了。又如,压强传感器采用工业级压敏器件,传感器量程为 0～300 kPa,测量分度达到 0.1 kPa,能够精确地反映实验过程中的压强变化。

本计算机数据处理软件可以实时地把同一实验数据用数字、指针或示波器三种显示方式显示出来,实现了实验数据的定量显示。

数字化实验传感器的精度高、误差比较小,数据可定量显示,这使物理、化学、生物学规律的探究发现或者探究验证更具有严谨性和可信性。数字化实验室为学生的"定量化"研究提供了研究平台,有利于学生理解科学的本质。

1.1.4　智能化的数据处理

1. 智能化实验重演

数字化实验可以将数据存储在计算机硬盘上,可以在实验之后对实验进行数据分析,学生可以随意定格展示、随意缩放数字化实验图线。由于数据和结果是以通用格式保存的,这使得数据的共享十分方便。还可以利用计算机的网络功能,把实验数据和结果以最快的速度进行网上发布,做到数据共享。

2. 智能化数据拟合

计算机数据处理是传统数据处理方法的改进。学生首先要使用传统的纸笔,用公式法、图像法处理数据的训练,在熟练了这种数据处理的方法后,便可利用通用计算机软件进行数据处理,改进实验数据处理方法。一般可以简单地运用 Matlab 或者 Excel 进行曲线拟合,也可以用专用的软件进行数据处理,形成多种解释数据之间关系的方法。

1.2　数字化探究实验的基本组成

1.2.1　传感器

传感器(英文名称:transducer/sensor)是一种检测装置,能感受到被测量的信息,并将感受到的信息,按一定规律变换成电信号或其他所需形式的信息输出,以满足信息的传输、处理、存储、显示、记录和控制等要求。

国家标准 GB 7665—87 中对传感器的定义是:"能感受规定的被测量件并按照一定的规律(数学函数法则)转换成可用信号的器件或装置,通常由敏感元件和转换元件组成。"

传感器的特点包括微型化、数字化、智能化、多功能化、系统化、网络化。它是实现自动检测和自动控制的首要环节。传感器的存在和发展,让物体有了触觉、味觉和嗅觉等感官,让物体慢慢变得活了起来。通常根据其基本感知功能分为热敏元件、光敏元件、气敏元件、力敏元件、磁敏元件、湿敏元件、声敏元件、放射线敏感元件、色敏元件和味敏元件等十大类。

1. 传感器的组成

传感器一般由敏感元件、转换元件、变换电路和辅助电源四部分组成,如图 1-1 所示。

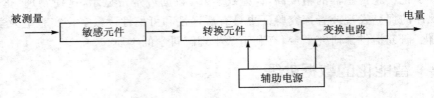

图 1-1 传感器的组成

敏感元件直接感受被测量,并输出与被测量有确定关系的物理量信号;转换元件将敏感元件输出的物理量信号转换为电信号;变换电路负责对转换元件输出的电信号进行放大调制;转换元件和变换电路一般还需要辅助电源供电。

2. 主要分类

(1) 按用途

按用途,可分为压力敏和力敏传感器、位置传感器、液位传感器、能耗传感器、速度传感器、加速度传感器、射线辐射传感器、热敏传感器。

(2) 按原理

按原理,可分为振动传感器、湿敏传感器、磁敏传感器、气敏传感器、真空度传感器、生物传感器等。

(3) 按输出信号

模拟传感器:将被测量的非电学量转换成模拟电信号。

数字传感器:将被测量的非电学量转换成数字输出信号(包括直接和间接转换)。

膺数字传感器:将被测量的信号量转换成频率信号或短周期信号的输出(包括直接或间接转换)。

开关传感器:当一个被测量的信号达到某个特定的阈值时,传感器相应地输出一个设定的低电平或高电平信号。

(4) 按其制造工艺

集成传感器是用标准的生产硅基半导体集成电路的工艺技术制造的。通常还将用于初步处理被测信号的部分电路也集成在同一芯片上。

薄膜传感器是通过沉积在介质衬底(基板)上的相应敏感材料的薄膜形成的。使用混合工艺时,同样可将部分电路制造在此基板上。

厚膜传感器是利用相应材料的浆料,涂覆在陶瓷基片上制成的,基片通常是 Al_2O_3 制成的,然后进行热处理,使厚膜成形。

陶瓷传感器采用标准的陶瓷工艺或其某种变种工艺(溶胶、凝胶等)生产。在完成适当的预备性操作之后,已成形的元件在高温中进行烧结。厚膜和陶瓷传感器这两种工艺之间有许多共同特性,在某些方面,可以认为厚膜工艺是陶瓷工艺的一种变型。

每种工艺技术都有自己的优点和不足。由于研究、开发和生产所需的资本投入较低,以及传感器参数的高稳定性等原因,采用陶瓷和厚膜传感器比较合理。

（5）按测量类型

物理型传感器是利用被测量物质的某些物理性质发生明显变化的特性制成的。

化学型传感器是利用能把化学物质的成分、浓度等化学量转化成电学量的敏感元件制成的。

生物型传感器是利用各种生物或生物物质的特性做成的,用来检测与识别生物体内化学成分的传感器。

（6）按其构成

基本型传感器是一种最基本的单个变换装置。

组合型传感器是由不同单个变换装置组合而构成的传感器。

应用型传感器是基本型传感器或组合型传感器与其他机构组合而构成的传感器。

（7）按作用形式

按作用形式可分为主动型和被动型传感器。

主动型传感器又有作用型和反作用型。此种传感器对被测对象能发出一定探测信号,检测探测信号在被测对象中所产生的变化,或者由探测信号在被测对象中产生某种效应而形成信号。检测探测信号变化方式的称为作用型,检测产生响应而形成信号方式的称为反作用型。雷达与无线电频率范围探测器是作用型实例,而光声效应分析装置与激光分析器是反作用型实例。

被动型传感器只是接收被测对象本身产生的信号,如红外辐射温度计、红外摄像装置等。

3. 选型原则

要进行具体的测量工作,首先要考虑采用何种原理的传感器,这需要分析多方面的因素之后才能确定。因为,即使是测量同一物理量,也有多种原理的传感器可供选用,哪一种原理的传感器更为合适,则需要根据被测量的特点和传感器的使用条件,考虑以下一些具体问题:量程的大小;被测位置对传感器体积的要求;测量方式为接触式还是非接触式;信号的引出方法是有线还是非接触测量;传感器的来源是国产还是进口,价格能否承受,还是自行研制;等等。

在考虑了上述问题之后就能确定选用何种类型的传感器,然后再考虑传感器的具体性能指标。

（1）灵敏度的选择

通常,在传感器的线性范围内,希望传感器的灵敏度越高越好。因为只有灵敏度高时,与被测量变化对应的输出信号的值才比较大,有利于信号处理。但要注意的是,传感器的灵敏度高,与被测量无关的外界噪声也容易混入,也会被放大系统放大,影响测量精度。因此,要求传感器本身应具有较高的信噪比,尽量减少从外界引入的干扰信号。

传感器的灵敏度是有方向性的。当被测量是单向量,而且对其方向性要求较高时,则应选择其他方向灵敏度小的传感器;如果被测量是多维向量,则要求传感器的交叉灵敏度越小越好。

(2) 频率响应特性

传感器的频率响应特性决定了被测量的频率范围,必须在允许频率范围内保持不失真。实际上传感器的响应总有一定延迟,即延迟时间越短越好。

传感器的频率响应越高,可测的信号频率范围就越宽。

在动态测量中,应考虑信号的特点(稳态、瞬态、随机等)和频率响应特性,以免产生过大的误差。

(3) 线性范围

传感器的线性范围是指输出与输入成正比的范围。理论上,在此范围内,灵敏度保持定值。传感器的线性范围越宽,其量程越大,并且能保证一定的测量精度。在选择传感器时,当传感器的种类确定以后首先要考虑其量程是否满足要求。但实际上,任何传感器都不能保证绝对的线性,其线性度也是相对的。当所要求的测量精度比较低时,在一定的范围内,可将非线性误差较小的传感器近似看作线性的,这会给测量带来极大的方便。

(4) 稳定性

传感器使用一段时间后,其性能保持不变的能力称为稳定性。影响传感器长期稳定性的因素除传感器本身结构外,主要是传感器的使用环境。因此,要使传感器具有良好的稳定性,传感器必须要有较强的环境适应能力。

在选择传感器之前,应对其使用环境进行调查,并根据具体的使用环境选择合适的传感器,或采取适当的措施,减小环境的影响。

传感器的稳定性有定量指标,超过使用期后,在使用前应重新进行标定,以确定传感器的性能是否发生变化。

在某些要求传感器能长期使用而又不能轻易更换或标定的场合,所选用的传感器的稳定性要求更严格,要能够经受住长时间的考验。

(5) 精　度

精度是传感器的一个重要的性能指标,它是关系到整个测量系统测量精度的一个重要环节。传感器的精度越高,其价格越高,因此,传感器的精度只要能满足整个测量系统的精度要求即可,不必选得过高。可以在满足同一测量目的的诸多传感器中选择比较便宜和简单的传感器。

如果测量目的是定性分析的,可选用重复精度高的传感器,不宜选用绝对量值精度高的传感器;如果是为了定量分析,必须获得精确的测量值,就需选用精度等级能满足要求的传感器。

对某些特殊使用场合,如无法选到合适的传感器,则需自行设计制造传感器。自制传感器的性能应满足使用要求。

1.2.2　数据采集器

数据采集硬件(DAQ),是指从传感器和其他待测设备等模拟和数字被测单元中自动采集非电量或者电量信号,送到上位机中进行分析、处理。数据采集系统是结合基于计算机或者其他专用测试平台的测量软、硬件产品来实现灵活的、用户自定义的测量系统。数据采集卡,即实现数据采集(DAQ)功能的计算机扩展卡,可以通过 PCI Express(PCI－e)、USB、PXI、PCI、CPCI、火线(1394)、PCMCIA、ISA、485、232、CAN、RJ45(以太网)、各种无线网络(Zigbee、GPRS、3G)等总线接入计算机平台。

在工业现场,会安装很多各种类型的传感器,如压力的、温度的、流量的、声音的、电参数的等。受现场环境的限制,传感器信号(如压力传感器输出的电压或者电流信号)不能远传,因为传感器太多,布线复杂,通常会选用分布式或者远程的采集卡(模块),在现场把信号较高精度地转换成数字量,然后通过各种远传通信技术(如485、232、以太网等各种无线网络)把数据传到计算机或者其他控制器中进行处理。这也算作数据采集卡的一种,只是它对环境的适应能力更强,可以应对各种恶劣的工业环境。

数据采集卡:

➤ 通道数:板卡可以采集多少路信号,它分为单端和差分。常用的有单端32路/差分16路、单端16路/差分8路。

➤ 采样频率:单位时间采集的数据点数,与 A/D 芯片转换一个点所需的时间有关。例如:若 A/D 转换一个点需要 $T=10\ \mu s$,则其采样频率 $f=1/T$ 为 100 kHz,即每秒钟 A/D 芯片可以转换 100 kHz 的数据点数。它的单位是赫兹(Hz),常用的有 100 kHz、250 kHz、500 kHz、800 kHz、1 MHz、40 MHz 等。

➤ 缓存的区别及其作用:主要用来存储 A/D 芯片转换后的数据。有缓存的可以设置采样频率,没有的则不可以。缓存有 FIFO 和 RAM 两种:FIFO 应用在数据采集卡上,做数据缓冲,存储量不大,但速度快;RAM 是随机存取内存的简称,一般用于高速采集卡,存储量大,但速度较慢。

➤ 分辨率:采样数据最低位所代表的模拟量的值,常用的有 12 位、14 位、16 位等。以 12 位的分辨率,电压 5 000 mV 为例,12 位所能表示的数据量为 4 096 (2^{12}),即 ±5 000 mV 电压量程内可以表示 4 096 个电压值,单位增量为 (5 000 mV)/4 096＝1.22 mV。分辨率与 A/D 转换器的位数有确定的关系,可以表示成 $F_s/2^n$。F_s 表示满量程输入值,n 为 A/D 转换器的位数。位数越多,分辨率越高。

➢ 精度：测量值和真实值之间的误差，标称数据采集卡的测量准确程度，一般用满量程（FSR，Full Scale Range）的百分比表示，常见的如 0.05％ FSR、0.1％ FSR 等。若满量程范围为 0～10 V，其精度为 0.1％ FSR，则代表测量所得到的数值和真实值之间的差距在 10 mV 以内。

➢ 量程：输入信号的幅度，常用的有 ±5 V、±10 V 、0～5 V 、0～10 V ，要求输入信号在量程内进行。

➢ 增益：输入信号的放大倍数，分为程控增益和硬件增益，通过数据采集卡的电压放大芯片将 A/D 转换后的数据进行固定倍数的放大。

➢ 触发：可分为内触发和外触发两种，指启动 A/D 转换的方式。

1.2.3 数据采集与处理软件

1. 什么是 LabVIEW

LabVIEW（Laboratory Virtual Instrumentation Engineering Workbench，实验室虚拟仪器工程平台）是由美国国家仪器公司开发的图形化程序编译平台。早期是为了仪器自动控制所设计的，现已经转变成为一种逐渐成熟的高级编程语言，是目前应用最广、发展最快、功能最强的图形化软件集成开发环境，广泛地被工业界、学术界和研究实验室所接受，并将之视为一个标准的数据采集和仪器控制软件。

使用 LabVIEW 编写的程序称为虚拟仪器 VI（Virtual Instrument），以".VI"为后缀。使用这种语言编程时，基本上不需要写程序代码，取而代之的是程序框图。利用它可以方便地建立自己的虚拟仪器，其图形化的界面使得编程及使用过程都生动有趣。

图形化程序与传统编程语言的不同点在于程序流程采用"数据流"的概念，打破传统思维模式，使得程序设计者在程序构思的同时也实现了程序的撰写，而且提供了实现仪器编程和数据采集系统的便捷途径，使用它进行原理研究、设计、测试并实现仪器系统时，可以大大提高工作效率。

LabVIEW 集成了与满足 GPIB、VXI、RS－232 和 RS－485 协议的硬件及数据采集卡通信的全部功能，还内置了便于应用 TCP/IP、ActiveX 等软件标准的库函数。通信接口方面支持 GPIB、USB、IEEE1394、MODBUS、串行接口、并发端口、IrDA、TCP、UDP、Bluetooth、.NET、ActiveX、SMTP 等接口。

LabVIEW 默认以多线程运行程序，充分利用计算机的性能，极大地提高了软件运行速度。此外，LabVIEW 提供信号截取、信号分析、机器视觉、数值运算、逻辑运算、声音振动分析、数据存储等函数库，可支持 Windows、UNIX、Linux、Mac OS 等操作系统。

由于 LabVIEW 特殊的图形程序、简单易懂的开发接口，缩短了开发原型的周期以及方便日后软件维护，因此逐渐受到系统开发及研究人员的喜爱，广泛地应用于工业自动化领域。

　　LabVIEW 2016 的启动界面如图 1-2 所示。

图 1-2　LabVIEW 2016 的启动界面

2. 数据流与图形化编程

　　LabVIEW 编程语言,也称为 G 语言,是一种数据流编程语言。通过绘制导线连接不同功能的节点,图形化的程序框图(LV 源代码)结构决定程序如何执行。这些线传递变量,所有的输入数据都准备好之后,节点便马上执行。这可能出现同时使用多个节点的情况,G 语言天生具有并行执行能力。内置的调度算法自动使用多处理器和多线程硬件,可以跨平台在可运行的节点上复用线程。

　　LabVIEW 将创建用户界面(称为前面板)的工作自然地融合到开发周期当中。LabVIEW 的程序/子程序称为虚拟仪器(VI)。每个 VI 都有三个组成部分:程序框图(Block Diagram)、前面板(Front Panel)和图标/连接器(Icon/Connector)。连接器是用来供其他程序框图调用本 VI 之用的。程序员可以利用前面板上的控制控件将数据输入正在运行的 VI,或者用显示控件将运算结果输出。前面板还可以作为程序的接口:每个虚拟仪器(VI)既可以把前面板当作用户界面,作为一个程序来运行;也可以作为一个节点放到另一个 VI 程序框图中,通过连接器面板连接起来,由前面板定义 VI 的输入和输出。这意味着每个 VI,在作为子程序嵌入到一个大型的项目之前,都可以很方便地进行测试。MAC OS 系统下 LabVIEW 程序如图 1-3 所示。

　　在 LabVIEW 编程环境下,借助已经提供的大量例程和文档,可以很容易地创建小型应用程序,这是其优势;另一方面,低估编写高质量的 G 语言所需的专业技能知识仍会带来一定的危险性。编写复杂的算法或大规模的代码,有一点很重要,那就是

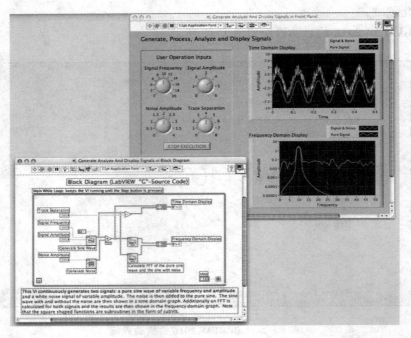

图 1 - 3   MAC OS 中的 LabVIEW 程序

程序员需要对 LabVIEW 特殊的语法具有广泛的了解,并且通晓 LabVIEW 内存管理的拓扑结构。最先进的 LabVIEW 开发系统提供了创建独立应用程序的可能性。此外,G 语言天生的并行特性,还可以创建分布式应用,通过客户机/服务器模式进行通信。

第 **2** 章

Arduino 基础

本章首先介绍 Arduino 控制器的由来及分类,然后教授如何搭建 Arduino 开发平台,最后讲述 Arduino 的基本输入/输出并穿插实验例程,包括数字量输入/输出、模拟量输入/输出、串口通信和时间函数。

2.1 Arduino 是什么

首先,解答第一个问题——Arduino 是什么?

Arduino 维基百科的定义:Arduino,是一个开源的单片机控制器,它使用 Atmel AVR 单片机,采用基于开放源代码的软硬件平台,构建于开放源代码 simple I/O 接口版,并且具有使用类似于 Java、C 语言的 Processing/Wiring 开发环境。

从维基百科对 Arduino 的定义中可以知道,Arduino 不仅是一个基于 Atmel AVR 单片机的控制器,而且是一个开源系统,包含了硬件(Arduino 控制板)、软件(Arduino IDE)以及开放源代码的开源精神。相比于 Arduino 硬件控制板,Arduino 的软件及开源精神是 Arduino 的精髓所在。

自从 2005 年推出以来,随着使用者和爱好者的不断增加,Arduino 控制器得到了快速的发展。同时,Arduino 设计团队不断推出各式各样、更加强大的 Arduino 控制器及 Arduino 扩展板,以满足不同使用者的应用需求。

截止到现在,Arduino 开发团队已经推出的 Arduino 控制器有数十种之多,主要有 Uno、Due、Leonardo、Mega 2560、Mega ADK、Micro、Mini、Nano、Ethernet、Esplora、ArduinoBT、Fio、Pro、LilyPad 等。

除了 Arduino 官方设计和生产的 Arduino 控制器外,还产生了很多 Arduino 兼容控制器。因为 Arduino 采用开源协议,任何人或公司均可以利用 Arduino 公布的文档来生产和销售 Arduino 控制器,但是不能使用 Arduino 作为商标。

由于 Arduino 兼容控制器不需要支付昂贵的代理费和商标费,所以价格较低,受到国内外广大 Arduino 爱好者的欢迎,从一定程度上降低了 Arduino 使用者的门槛和花费,进而使得 Arduino 得到了极大的推广。

2.1.1　Arduino 控制器系列

由于 Uno 为标准板,拥有 Arduino 所有基本功能,因而使用得最为广泛;Mega 2560 拥有较多的输入/输出引脚,适用于需要较多引脚的大型项目或实验;Leonardo 带有 USB 接口,适用于需要 USB 功能的应用;Mega ADK 带有 USB Host 接口,可以连接 Android 手机;Due 是 Arduino 第一款基于 32 位 ARM cortex-M3 核心的控制板,拥有更快的速度和更大的存储容量;Arduino 兼容控制板是 Arduino 控制板的重要组成部分,助推了 Arduino 开源硬件的发展,而且价格相对低廉,易于在购物网站购买。

基于以上原因,下面主要介绍 Arduino Uno、Arduino Mega 2560、Arduino Leonardo、Arduino Mega ADK、Arduino Due、小型化的 Arduino。开发者应根据自己的使用需要和项目的需求,选择合适型号的 Arduino 控制器或兼容控制器。

1. Arduino Uno

Arduino Uno 是 Arduino USB 接口系列的最新版本,也是 Arduino 控制板使用得最广泛的型号。

Uno 的处理器核心是 ATmega328,具有 14 路数字量输入/输出口(其中 6 路可作为 PWM 输出),6 路模拟量输入,1 个 16 MHz 晶体振荡器,1 个 USB 接口,1 个电源插座,1 个 ICSP header 和 1 个复位按钮。Arduino Uno 控制器如图 2-1 所示。

图 2-1　Arduino Uno 控制器

2. Arduino Mega 2560

Arduino Mega 2560 也是采用 USB 接口的核心电路板,最大的特点是具有多达 54 路数字量输入/输出,特别适合需要大量 I/O 接口的设计。

Mega 2560 的处理器核心是 ATmega 2560,同时具有 54 路数字量输入/输出口

（其中 16 路可作为 PWM 输出），16 路模拟量输入，4 路 UART 接口，1 个 16 MHz 晶体振荡器，1 个 USB 口，1 个电源插座，1 个 ICSP header 和 1 个复位按钮。Arduino Mega 2560 也与 Arduino Uno 设计的扩展板兼容。Arduino Mega 2560 控制器如图 2 - 2 所示。

图 2 - 2　Arduino Mega 2560 控制器

3. Arduino Leonardo

Leonardo 是 Arduino 家族的新成员，最大的特点是集成了 USB 驱动，可以模拟鼠标或键盘的功能，和 Uno 有同样的外观和接口，只是将方头 USB 换成了 micro USB。

Leonardo 的处理器核心是 ATmega32u4，拥有 20 个数字量输入/输出引脚（其中 7 个可用于 PWM 输出，12 个可用于模拟量输入），1 个 16 MHz 的晶体振荡器，1 个 Micro USB 接口，1 个 DC 接口，1 个 ICSP 接口，1 个复位按钮。Arduino Leonardo 控制器如图 2 - 3 所示。

图 2 - 3　Arduino Leonardo 控制器

4. Arduino Mega ADK

Arduino Mega ADK 是采用 USB 接口的核心电路板,它与 Mega 2560 最大的不同是 Mega ADK 上多了一路 USB 主控制接口,用来与 Android 手机连接。

Mega ADK 的处理器核心是 ATmega 2560,同时具有 54 路数字量输入/输出口(其中 16 路可作为 PWM 输出),16 路模拟量输入,4 路 UART 接口,1 个 16 MHz 晶体振荡器,1 个 USB 口,1 个电源插座,1 个 ICSP header 和 1 个复位按钮。Arduino Mega ADK 控制器如图 2-4 所示。

图 2-4 Arduino Mega ADK 控制器

5. Arduino Due

Arduino Due 是第一块基于 32 位 ARM 核心的 Arduino 控制板,以满足需要更快速度和更大存储容量的 Arduino 控制板的应用需求。

Arduino Due 的处理器核心是 Atmel SAM3X8E,拥有 54 个数字量 I/O 口(其中 12 个可用于 PWM 输出),12 个模拟量输入,4 路 UART 接口,1 个 USB OTG 接口,2 路 DAC(模数转换),1 个电源插座,1 个 JTAG 接口,1 个复位按键和 1 个擦写按键。Arduino Due 控制器如图 2-5 所示。

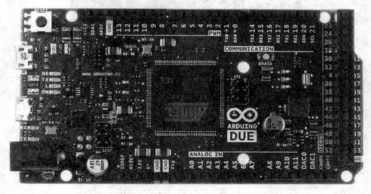

图 2-5 Arduino Due 控制器

与其他 Arduino 控制板的区别：

① 使用 32 位 ARM 核心的处理器，比以往使用 8 位 AVR 核心的其他 Arduino 更加强大；

② 84 MHz 的 CPU 时钟频率；

③ 96 KB 的 SRAM；

④ 512 KB 的 Flash；

⑤ 内部集成 DMA 控制器，极大地提高了运算速度。

注意：与其他 Arduino 有所区别，Arduino Due 的工作电压为 3.3 V。I/O 口可承载电压也为 3.3 V。如果使用更高的电压，比如 5 V 加到 I/O 口上，可能会烧坏芯片。

---

6. 小型化的 Arduino 控制器

为应对特殊场合要求，Arduino 还有许多小型化的设计方案。常见的小型 Arduino 控制器有 Nano、Micro、mini、Lilypad 等。设计上精简了许多地方，但使用上一样方便，如图 2-6 所示。

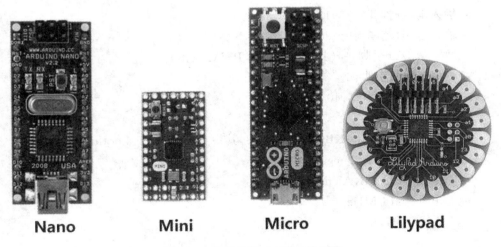

图 2-6　小型化的 Arduino 控制器

2.1.2　Arduino Uno 控制器

Arduino Uno 是 Arduino 的典型控制板，拥有 Arduino 所有基本功能，使用得最为广泛，而且本书的应用篇和项目篇都是基于 Arduino Uno 来设计的，所以此处重点介绍 Arduino Uno 的硬件部分，其他型号 Arduino 控制板硬件介绍可以参考 Arduino 官方网站 www.arduino.cc。

到本书出版，Arduino Uno 已经发布了第三版，即最新版为 Arduino Uno R3，其板载资源分布如图 2 - 7 所示。

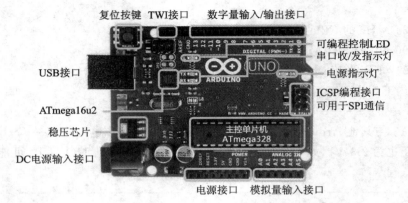

图 2 - 7　Arduino Uno 控制器

1. 控制器

➤ 处理器：ATmega328。

➤ 工作电压：5 V。

➤ 输入电压（推荐）：7~12 V。

➤ 输入电压（范围）：6~20 V。

➤ 数字量 I/O 引脚：14（其中 6 路作为 PWM 输出）。

➤ 模拟量输入引脚：6。

➤ I/O 引脚直流电流：40 mA。

➤ 3.3 V 引脚直流电流：50 mA。

➤ Flash Memory：32 KB（ATmega328，其中 0.5 KB 用于 Bootloader）。

➤ SRAM：2 KB（ATmega328）。

➤ EEPROM：1 KB（ATmega328）。

➤ 工作时钟：16 MHz。

2. 电　源

Arduino Uno 可以通过 3 种方式供电，而且能自动选择供电方式。

➤ 外部直流电源通过电源插座供电。

➤ 电池连接电源连接器的 GND 和 VIN 引脚。

➤ USB 接口直接供电。

电源引脚说明：

➤ VIN：外部直流电源接入电源插座时，可以通过 VIN 向外部供电；也可以通过此引脚向 Uno 直接供电；VIN 有电时将忽略从 USB 或者其他引脚接入的电源。

> 5 V:通过稳压器或 USB 的 5 V 电压,为 Uno 上的 5 V 芯片供电。
> 3.3 V:通过稳压器产生的 3.3 V 电压,最大驱动电流为 50 mA。
> GND:接地引脚。

3. 存储器

ATmega328 包括了片上 32 KB Flash,其中 0.5 KB 用于 Bootloader,同时还有 2 KB SRAM 和 1 KB EEPROM。通常情况下,Arduino 的存储空间即是其主控芯片所集成的存储空间,也可以通过使用外设芯片的方式,扩展 Arduino 的存储空间。

① Flash:32 KB。其中 0.5 KB 分作 BOOT 区用于存储引导程序,实现串口下载程序的功能,另外的 31.5 KB 是用户可以存储程序的空间,可以满足一般的应用设计。

② SRAM:2 KB。SRAM 相当于计算机的内存,在 CPU 进行运算时,需要在其中开辟一定的存储空间。当 Arduino 断电或者复位后,其中的数据会全部丢失。

③ EEPROM:1 KB。EEPROM 全称为电可擦写可编程只读存储器,是一种用户可更改的只读存储器。特点是 Arduino 断电或者复位后,其中的数据不会丢失。

4. 输入/输出

① 14 路数字量输入/输出口:工作电压为 5 V,每一路能输出和接入的最大电流为 40 mA。每一路配置了 20～50 kΩ 内部上拉电阻(默认不连接)。除此之外,有些引脚有特定的功能:

> 串口信号 RX(0 号)、TX(1 号):与内部 ATmega16U2 USB‐to‐TTL 芯片相连,提供 TTL 电压水平的串口接收信号。
> 外部中断(2 号和 3 号):触发中断引脚,可设成上升沿、下降沿或同时触发。
> 脉冲宽度调制 PWM(3、5、6、9、10、11):提供 6 路 8 位 PWM 输出。
> SPI(10(SS)、11(MOSI)、12(MISO)、13(SCK)):SPI 通信接口。
> LED(13 号):Arduino 专门用于测试 LED 的保留接口。输出为高电平时点亮 LED;反之,输出为低电平时熄灭 LED。

② 6 路模拟量输入 A0～A5:每一路具有 10 位的分辨率(即输入有 1 024 个不同值),默认输入信号范围为 0～5 V,可以通过 AREF 调整输入上限。除此之外,有些引脚有特定功能:

> TWI 接口(SDA A4 和 SCL A5):支持通信接口(兼容 I^2C 总线)。

③ AREF:模拟量输入信号的参考电压。

④ Reset:信号为低电平时复位单片机芯片。

5. 通信接口

① 串口:ATmega328 内置的 UART 可以通过数字口 0(RX)和 1(TX)与外部实

现串口通信;ATmega16U2 可以访问数字口实现 USB 上的虚拟串口。

② TWI(兼容 I²C)接口:A4(SDA)、A5(SCL),可用于 TWI 通信,兼容 I²C 通信。

③ SPI 接口:10(SS)、11(MOSI)、12(MISO)、13(SCK),可用于 SPI 通信。

2.2 搭建 Arduino 开发平台

上一节讲解了 Arduino 控制器系列,其中重点介绍了 Arduino Uno 控制器的硬件资源,本节主要讲解软件与驱动安装、Arduino IDE(集成开发环境)的使用,并且完成第一个项目——点亮 Arduino 上的 LED 灯。

搭建 Arduino 开发平台,首先要从 Arduino 官网下载 Arduino 集成开发包,下载地址为 http://arduino.cc/en/Main/Software,根据计算机的操作系统(Windows/Mac OS X/Linux)选择下载,而且 Windows 下提供安装版和免安装版。

2.2.1 软件与安装驱动

接下来,以 Windows 安装版为例说明具体的安装过程。双击 arduino - 1.6.0 - windows.exe 之后便会弹出 License Agreement 界面,单击"I Agree"按钮,如图 2 - 8 所示;然后出现 Installation Options 界面,单击"Next"按钮,如图 2 - 9 所示;接着出现 Installation Folder 界面,可选择软件的安装路径,此处选择默认路径,单击"Install"按钮,如图 2 - 10 所示;之后便开始进行软件安装,如图 2 - 11 所示;几分钟后,会弹出安装完成的界面,如图 2 - 12 所示。

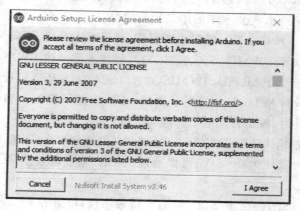

图 2 - 8　License Agreement 界面

Arduino 控制器第一次接入计算机时,系统会提示自动安装驱动软件。如果计算机联网,则可能成功安装程序,否则需要人工引导安装驱动。此部分针对 Windows 系统且第一次将 Arduino 控制板接入的情况。

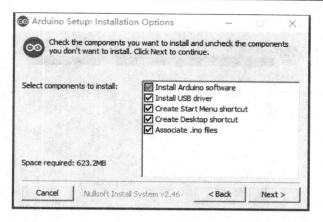

图 2 - 9　Installation Options 界面

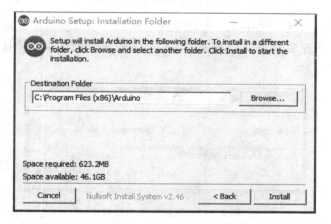

图 2 - 10　Installation Folder 界面

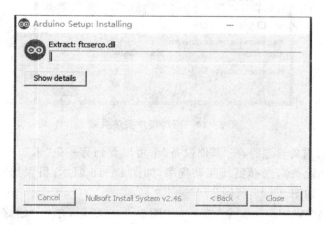

图 2 - 11　软件安装界面

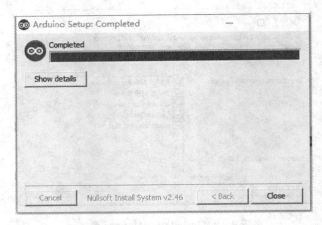

图 2 - 12　软件安装完成界面

　　使用 USB 连接线将 Arduino 连接至计算机的 USB 端口,屏幕桌面右下角弹出提示框,告知正在安装驱动程序,如图 2 - 13 所示。一般情况下是不能安装驱动程序的,如图 2 - 14 所示。

图 2 - 13　正在安装驱动程序

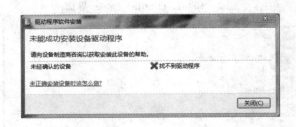

图 2 - 14　驱动程序安装失败

　　此时,可打开设备管理器,在"其他设备"下可以看到有一个"未知设备",如图 2 - 15 所示;右击"未知设备",选择更新驱动程序,如图 2 - 16 所示;目录选择 Arduino IDE 的 drivers 目录,如图 2 - 17 所示。

　　系统会弹出"Windows 安全"窗口,如图 2 - 18 所示,单击"始终安装此驱动程序",系统自动安装驱动程序,如图 2 - 19 所示。安装完成之后,即可在设备管理器中的端口下看到有 Arduino Uno 设备存在,如图 2 - 20 和图 2 - 21 所示。

图 2 - 15 发现"未知设备"　　　　图 2 - 16 更新驱动程序软件

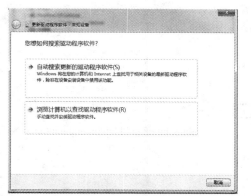

图 2 - 17 选择驱动程序目录

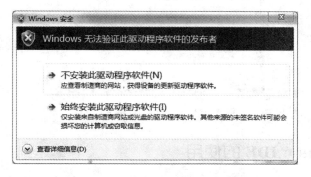

图 2 - 18 始终安装此驱动程序软件图

图 2 - 19　正在安装驱动程序软件

图 2 - 20　驱动安装成功

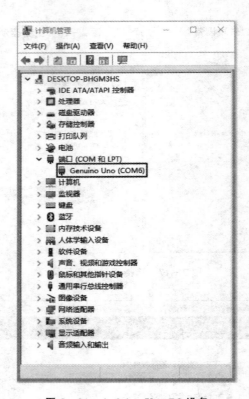

图 2 - 21　Arduino Uno R3 设备

2.2.2　Arduino IDE 的使用

　　打开 Arduino IDE，会弹出如图 2 - 22 所示的启动界面。几秒之后，显示 Arduino IDE 主界面，如图 2-23 所示，并默认新建了一个以日期命名的程序文本。

图 2-22　Arduino IDE 启动画面

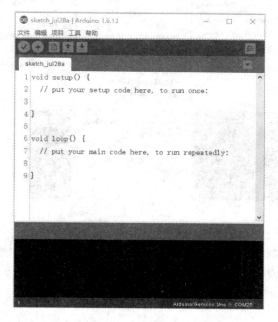

图 2-23　Arduino IDE 主界面

在工具栏上,Arduino IDE 提供了常用功能的快捷键:

➢ 校验(Verify):验证程序是否编写无误,无误则编译该项目。

➢ 烧录(Upload):将编写的程序烧录到 Arduino 控制器上。

➢ 新建(New):新建一个项目。

➢ 打开(Open):打开一个项目。

➢ 保存(Save):保存当前项目。

➢ 串口监视器(Serial Monitor):用它可以查看串口发送、接收到的数据。

2.2.3　第一个项目——Blink

要想完成第一个项目,首先需要有一块 Arduino 控制板(此部分以 Uno 为例),

使用 USB 连接线将 Arduino 控制板连接至计算机的 USB 端口,并成功地完成驱动程序的安装,然后打开 Arduino IDE 中的示例程序 Blink。具体路径为 File→Examples→Basics→Blink,如图 2-24 所示。

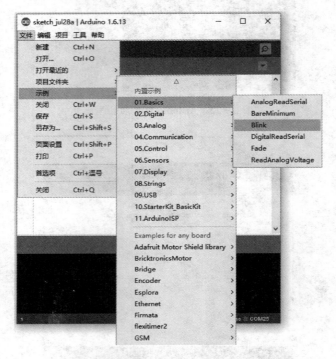

图 2-24 Blink 程序目录

示例 Blink 中的程序代码清单如下(此部分不做程序讲解,留在 2.2.4 小节讲解):

```
int led = 13;                      //定义数字口 13 作为 LED 灯的控制信号
//当 Arduino 重启之后,只执行一次
void setup() {
    pinMode(led,OUTPUT);           //初始化引脚作为输出
}

//此部分一直循环执行
void loop() {
    digitalWrite(led,HIGH);        // 打开 LED 灯
    delay(1000);                   // 延时 1 s
    digitalWrite(led,LOW);         // 关闭 LED 灯
    delay(1000);                   // 延时 1 s
}
```

　　之后在 Arduino IDE 中选择 Arduino 控制板的类型和 Arduino 控制板的串口号。控制板类型选择 Arduino Uno,具体路径为 Tools→Board→Arduino Uno,笔者的 Arduino Uno 控制板在计算机上生成的串口号为 COM3,所以选为 COM3,如图 2-25 和图 2-26 所示。

图 2-25　选择控制板类型

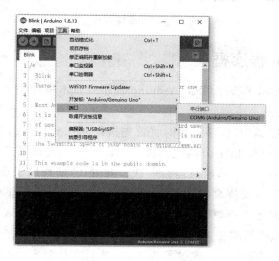

图 2-26　选择串口号

　　最后单击编译按钮,编译完成无错误后,单击下载按钮,如图 2-27 和图 2-28所示。当下载完成之后,即可看到 Arduino Uno 控制板上的 LED 灯以 1 Hz 的频率在闪烁。到此,第一项目——Blink 就实现了,同样可以在其他型号的 Arduino 控制板上实现,只需要选择好相应的控制器类型即可。

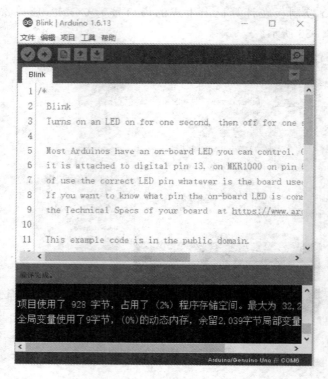

图 2 - 27　编译无误

2.2.4　Arduino 程序框架

由以上的 Blink 示例程序可知,Arduino 程序的基本框架由 setup( )和 loop( )两部分组成。

在 Arduino 控制器中,程序运行时将首先执行 setup( )函数,然后执行 loop( )函数,并且不断地循环执行 loop( )函数。每次 Arduino 上电或重启后,都会首先执行 setup( )函数,而且 setup( )函数只运行一次。setup( )函数用于设置引脚的输入/输出类型、配置串口、引入类库文件、外围器件使用前的初始化,等等。loop( ) 函数在程序运行过程中不断地循环,根据所编写的程序,完成指定的输入/输出功能。

在 Blink 程序代码清单中,首先在执行 setup( )函数时调用 pinMode(led,OUT-PUT)将 LED 灯的数字引脚 D13 设置为输出,然后在执行 loop( )函数中,不断地循环执行 digitalWrite(led,HIGH)、delay(1000)、digitalWrite(led,LOW)和 delay(1000),依次实现点亮 LED,延时 1 s,熄灭 LED,延时 1 s,周而复始形成周期为 2 s 的闪烁灯。

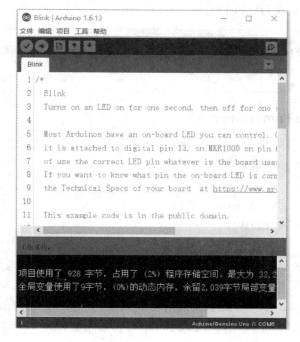

图 2 - 28　下载成功

2.3　数字量输入/输出

2.3.1　数字量 I/O 的函数库

Arduino 数字量 I/O 函数包括 pinMode(pin,mode)、digitalWrite(pin,value)和 digitalWrite(pin,value),分别实现输入/输出设置、数字量输出和数字量输入的功能。

需要说明的是,数字量 I/O 函数库的操作对象不仅仅是 Arduino 的数字量 I/O,还包括模拟量输入引脚。例如在 Arduino Uno 控制器中,需要将模拟量端口作数字量端口使用,可以直接使用 A0～A5,也可用 D14～D19 来指代模拟量输入端口 A0～A5。

1. pinMode(pin,mode)

功能:将指定的引脚配置成输出或输入状态。

语法:pinMode(pin,mode)。

参数:

pin:要设置模式的引脚。

mode：INPUT 或 OUTPUT。

注意：除了 Arduino 上的数字量引脚外，模拟量输入引脚也能当作数字量引脚使用，如 A0、A1。

---

2. digitalWrite(pin,value)

功能：从指定引脚写入 HIGH 或者 LOW。

语法：digitalWrite(pin,value)。

参数：

pin：引脚编号（如 1,5,10,A0,A3）。

value：HIGH 或 LOW。

详细说明：

如果引脚被 pinMode() 配置为 OUTPUT 模式，其引脚上的电压将被设置为相应的值，HIGH 为 5 V(3.3 V 控制板上为 3.3 V)，LOW 为 0 V。

如果引脚被 pinMode() 配置为 INPUT 模式，使用 digitalWrite() 写入 HIGH 值，将使能内部 20 kΩ 上拉电阻，写入 LOW 将会禁用上拉。

3. digitalRead(pin)

功能：读取指定引脚的值，HIGH 或 LOW。

语法：digitalRead(pin)。

参数：

pin：指定的引脚号。

返回值：HIGH 或 LOW。

注意：如果引脚悬空，则 digitalRead() 会返回 HIGH 或 LOW(随机变化)。

2.3.2 实验：百变流水灯

1. 实验目的

通过 Arduino Uno 的数字量端口 D2～D7，控制 6 个 LED 灯，按照编程形成流水灯；学习 pinMode(pin,mode) 和 digitalWrite(pin,value) 的使用。

2. 硬件连接

依次将 LED 灯的阳极（长引脚）通过 220 Ω 的限流电阻接至 Arduino Uno 的 D2～D7，阴极（短引脚）直接接至 GND。硬件连接图如图 2-29 所示。

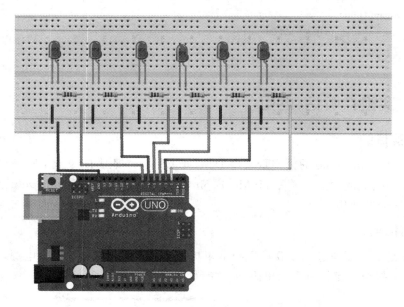

图 2 - 29　流水灯硬件连接图

3. 软件设计

通过数字量输出 digitalWrite(pin,value)对多个 LED 进行亮灭控制,从而形成流水灯,程序代码清单如下:

```
int lowestPin = 2;     //定义数字口 2 作为流水灯最低引脚
int highestPin = 7;    //定义数字口 7 作为流水灯最高引脚
void setup() {
  //将数字端口 D2~D7 初始化为输出
  for (int thisPin = lowestPin; thisPin <= highestPin; thisPin ++ ) {
    pinMode(thisPin,OUTPUT);
  }
}


void loop() {
  //由低到高依次点亮 LED 灯,延时 1 秒,熄灭 LED 灯
  for (int thisPin = lowestPin; thisPin <= highestPin; thisPin ++ ) {
    digitalWrite(thisPin,HIGH);
    delay(1000);
    digitalWrite(thisPin,LOW);
  }
  //由高到低依次点亮 LED 灯,延时 1 秒,熄灭 LED 灯
  for (int thisPin = highestPin; thisPin <= lowestPin; thisPin -- ) {
    digitalWrite(thisPin,HIGH);
```

```
        delay(1000);
        digitalWrite(thisPin,LOW);
    }
}
```

2.3.3   实验:"听话"的灯

1. 实验目的

通过 Arduino Uno 的数字量端口 D2 读取按键,实现对 D13 上 LED 灯的控制,以实现多种模式的功能。学习 pinMode(pin,mode)、digitalWrite(pin,value)和 digitalRead(pin)的使用。

2. 硬件连接

将按键的一端通过 220 Ω 的下拉电阻接至 GND,另一端接+5 V 电源,Arduino Uno 的 D2 接至按键接有下拉电阻的一端,硬件连接图如图 2-30 所示。

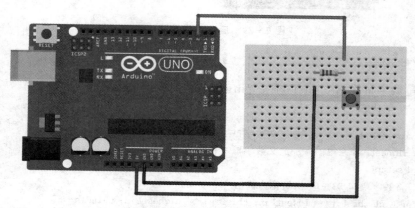

图 2-30   "听话"的灯硬件连接图

注:下拉电阻的一端接至低电平端,因而叫做下拉电阻,即将电路节点的电平向低电平方向(地)拉。下拉电阻的主要作用是在电路驱动器(此处为按键)断开时给线路(节点)一个固定的低电平。

3. 软件设计

通过数字量输出 digitalWrite(pin,value)和数字量输入 digitalRead(pin),并利用按键实现对 LED 进行亮灭控制,程序代码清单如下:

```
int led = 13;                    //定义数字口 13 作为 LED 灯的控制引脚
int key = 2;                     //定义数字口 2 作为按键的读取引脚
int t = 0;                       //定义状态变量,记录按键状态
//当 Arduino 重启之后,只执行一次
```

```
void setup() {
  pinMode(led, OUTPUT);          //初始化 13 引脚作为输出
  pinMode(key, INPUT);           //初始化 2 引脚作为输入
}


//此部分一直循环执行
void loop() {
  t = digitalRead(key);          //读取按键状态
  if (t == 1) {                  //判断按键是否为闭合状态
    digitalWrite(led, HIGH);     //闭合状态,打开 LED 灯
  }
  else {
    digitalWrite(led, LOW);      //断开状态,关闭 LED 灯
  }
}
```

2.4 模拟量输入/输出

2.4.1 模拟量 I/O 的函数库

Arduino 模拟量 I/O 函数包括 analogRead(pin)、analogWrite(pin, value) 和 analogReference(type),分别实现读取模拟量、PWM 输出和设置参考电压的功能。

需要说明的是,模拟量 I/O 函数库的操作对象仅仅为 Arduino 模拟量输入引脚,如 A0、A1 等。同时,根据所选用的 Arduino 板不同,可用的模拟量引脚也不同。

1. analogRead(pin)

功能:从指定的模拟量引脚读取数据值。

语法:analogRead(pin)。

参数:

pin:模拟量输入引脚(Uno:0~5。Mini、Nano:0~7。Mega:0~15)。

返回值:0~1 023 的整数值。

详细说明:

Arduino Uno 拥有 6 路模拟量输入:标号 A0~A5,每一路具有 10 位的分辨率(即输入有 1 024 个不同值),默认输入信号范围为 0~5 V,输入范围和最小分辨率可以通过 analogReference(type) 来设置。若参考电压为 5 V,则最小分辨率约为 4.9 mV。

在使用 analogRead() 前,不需要调用 pinMode() 来设置引脚为输入引脚。

如果模拟量输入引脚没有接入稳定的电压值,则 analogRead() 的返回值不可靠,这由外界干扰而决定。

注:分辨率是 ADC 的一个重要指标,一般以位数来说明。比如为 N 位,即将参考电压分成 2^N 份,每一份即为可以测量的最小变化量。以 AVR 单片机为核心的 Arduino 控制板,其 ADC 的位数为 10 位,如果参考电压为 5 V,则可分辨的最小电压是 0.004 88 V,约 0.005 V。

2. analogWrite(pin,value)

功能:从指定的引脚输出模拟值(PWM)。

语法:analogWrite(pin,value)。

参数:

pin:指定的引脚号。

value:0(完全关闭)～255(完全打开)之间。

详细说明:

在使用 analogWrite() 前,不需要调用 pinMode() 来设置引脚为输出引脚。

analogWrite() 执行之后,指定引脚上将产生一个稳定的特殊占空比方波,PWM 信号频率大约是 490 Hz。占空比=value/255,对应的电压值=value/255×5 V。

3. analogReference(type)

功能:配置模拟量输入的参考电压(输入电压的最大值)。

语法:analogReference(type)。

参数:

type:参 考 电 压 类 型(DEFAULT、INTERNAL、INTERNAL1V1、INTER-NAL2V56 或者 EXTERNAL)。

参考电压类型的具体说明如下:

➢ DEFAULT:默认 5 V(Arduino 板为 5 V)或 3.3 V(Arduino DUE 板为 3.3 V)为基准电压。

➢ INTERNAL:在 ATmega168 和 ATmega328 上以 1.1 V 为基准电压,以及在 ATmega8 上以 2.56 V 为基准电压(Arduino Mega 无此选项)。

➢ INTERNAL1V1:以 1.1 V 为基准电压(此选项仅针对 Arduino Mega)。

➢ INTERNAL2V56:以 2.56 V 为基准电压(此选项仅针对 Arduino Mega)。

➢ EXTERNAL:以 AREF 引脚(0～5 V)的电压作为基准电压。

注意:AREF 引脚上电压必须在 0～5 V 之间,不得小于 0 V 或超过 5 V。如果使用 AREF 引脚上的电压作为参考电压,则在调用 analogRead() 前必须将参考电压的类型设置为 EXTERNAL。在改变参考电压后,之前从 analogRead() 读取的数据可能不准确。

2.4.2　实验:会呼吸的灯

1. 实验目的

　　会呼吸的灯,简而言之就是亮度由暗逐渐变亮,由亮逐渐变暗的 LED 灯,视觉效果上像在呼吸一样。通过 Arduino Uno 带有 PWM(～)功能的数字量端口 11 控制 LED 灯产生由暗逐渐变亮,由亮逐渐变暗的呼吸灯效果。

2. 硬件连接

　　将 LED 灯的阴极接至 GND,阳极接至 Arduino Uno 带有 PWM(～)功能的数字量端口 11。硬件连接图如图 2-31 所示。

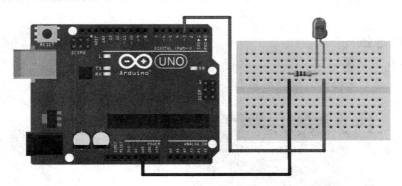

图 2-31　会呼吸的灯硬件连接图

3. 软件设计

　　通过模拟量输出 analogWrite(pin,value)对 LED 的亮度进行控制,从而形成呼吸灯。程序代码清单如下:

```
int PWM_Pin = 3;                  //定义数字口 3 作为 LED 灯亮度的控制引脚
void setup() {
  pinMode(PWM_Pin, OUTPUT);       //将数字口 3 设置为输出状态
}
void loop() {
  //将 LED 灯的亮度由熄灭逐渐调高至全亮
  for (int brightness = 0; brightness <= 255; brightness ++ ) {
    analogWrite(PWM_Pin, brightness);
    delay(5);
  }
  //将 LED 灯的亮度由全亮逐渐调低至熄灭
  for (int brightness = 255; brightness >= 0; brightness -- ) {
    analogWrite(PWM_Pin, brightness);
```

```
    delay(5);
  }
//中间间断 500 ms
  delay(500);
}
```

2.4.3 实验:调光 LED 灯

1. 实验目的

通过 Arduino Uno 的模拟量端口 A3 读取电位器的分压,实现对数字量引脚 D11 上 LED 灯亮度的控制。学习 analogWrite(pin,value)和 analogRead(pin)的使用。

2. 硬件连接

按键的一端通过 220 Ω 的下拉电阻接至 GND,另一端直接接至＋5 V。Arduino Uno 的 D2 接至按键接有下拉电阻的一端。硬件连接图如图 2－32 所示。

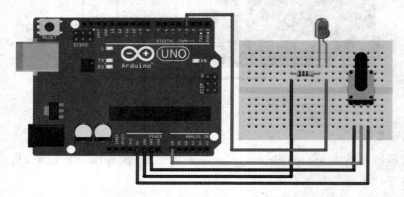

图 2－32 调光 LED 灯硬件连接图

3. 软件设计

通过模拟量输入 analogRead(pin)和模拟量输出 analogWrite(pin,value),并利用电位器 KKD 对 LED 的亮度进行控制,程序代码清单如下:

```
int sensorPin = A0;      //定义模拟口 A0 作为电位器的读取引脚
int ledPin = 3;          //定义数字口 3 作为 LED 灯亮度的控制引脚
int sensorValue = 0;     //定义数字口 3 作为 LED 灯亮度的控制引脚

void setup() {
  //将 LED 引脚设置为输出状态
  pinMode(ledPin,OUTPUT);
```

```
    }

void loop() {
    sensorValue = analogRead(sensorPin);        //读取电位器的分压值的数字量(0~1 023)
    analogWrite(ledPin,sensorValue/4);          //将电位器的分压值的数字量(0~1 023)缩放
                                                //4 倍,转换为模拟输出量(0~255),并调节
                                                //LED 灯的亮度

    }
```

2.5　串行通信

　　一条信息的各位数据逐位按顺序传送的通信方式称为串行通信。串行通信的特点是:数据位传送,即数据传送按位顺序进行,最少只需一根传输线即可完成,成本低但传送速度慢。

　　Arduino Uno 控制器不但有 14 个数字量接口和 6 个模拟量接口外,还有 1 个更为常用的串口接口。在实际应用中,串口以只需要几根线就能和其他串口设备通信,其优势被广泛应用。

　　所有的 Arduino 控制板都至少有一个串口,以用于 Arduino 控制板与计算机或其他 Arduino 控制板等设备之间的通信。一般 Arduino 控制板上的数字量端口 0(RX)和 1(TX)都默认通过 USB/串口转换芯片连接至板载的 USB 端口,通过 USB 电缆将其连接至计算机的 USB 端口,以实现 Arduino 控制板与计算机的串行通信。

　　Arduino Mega 有三个额外的串口:Serial 1 使用 19(RX)和 18(TX);Serial 2 使用 17(RX)和 16(TX);Serial3 使用 15(RX)和 14(TX)。

　　Arduino Leonardo 板使用 Serial 1 通过 0(RX)和 1(TX)与 RS-232 通信。Serial 预留给使用 Mouse and Keyboard Libarariies 的 USB CDC 通信。

　　若要使用这三个引脚与个人计算机通信,则需要一个额外的 USB 转串口适配器,因为这三个引脚没有能连接到 Mega 上的 USB 转串口适配器。若要用它们与外部的 TTL 串口设备进行通信,则需将 TX 引脚连接到串口设备的 RX 引脚,将 RX 引脚连接到串口设备的 TX 引脚,将 GND 连接到串口设备的 GND。(注:不要将这些引脚直接连接到 RS-232 串口;它们的工作电压为 +/-12 V,可能会损坏 Arduino 控制板。)

2.5.1　串口函数库

1. serial.begin(speed)

　　功能:串口通信初始化。
　　语法:Serial.begin(speed)。

参数：

speed：波特率。

详细说明：

将串行数据传输速率设置为位/秒（波特）。常用的波特率有 300、1 200、2 400、4 800、9 600、14 400、19 200、28 800、38 400、57 600 或 115 200。与计算机进行通信时，可以使用这些波特率，也可以指定其他波特率。需要说明的是，通信双方的波特率需要相同。

2. serial.available( )

功能：从串口读取有效的字节数（字符），是已经传输并存储在串行接收缓冲区（能够存储 64 字节）的数据。

语法：Serial.available ()。

参数：

返回值：可读取的字节数。

详细说明：

一般情况下，serial.available()用在读取串口数据的时候，用来判断串口缓冲区中是否有数据，常用的有 if(serial.available())>0)和 while(serial.available()>0)两种。

注意：Arduino 在使用串口时，Arduino 会在 SRAM 中开辟一大小为 64 字节的空间，串口接收到的数据都会被暂时存放进这个空间中，这个存储空间被称为缓冲区。当调用 Serial.read()函数时，Arduino 便会从串口缓冲区取出一个字节的数据。

---

3. serial.read( )

功能：从串口缓冲区内读取一个字节。

语法：serial.read()。

参数：

返回值：输入的串口数据的第一个字节，或 1（如果没有可用的数据）。

详细说明：

读取输入的串口的数据，调用一次只能读取一个字节的数据。

4. serial.write( )

功能：将二进制数据写入到串口。

语法：Serial.write(val)、Serial.write(str)或 Serial.write(buf,len)。

参数：

val：以单个字节形式发送的值。

str：以一串字节的形式发送的字符串。

buf:以一串字节的形式发送的数组。

len:数组的长度。

返回结果:

byte:write()将返回写入的字节数,但是否使用这个数字是可选的。

详细说明:

发送的数据以一个字节或者一系列的字节为单位,如果写入的数字为字符,需使用 print()函数进行代替。

5. serial.print( )和 serial.println( )

功能:以 ASCII 码文本形式打印数据到串口输出,输出 ASCII 码文本并回车(ASCII 13 或 '\r')及换行(ASCII 10 或 '\n')。

语法:

Serial.print(val)或 Serial.print(val,格式)。

Serial.println(val)或 Serial.println(val,format)。

参数:

val:打印的内容(任何数据类型都可以)。

format:指定基数(整数数据类型)或小数位数(浮点类型)。

详细说明:

此命令可以采取多种形式。每个数字的打印输出使用的是 ASCII 码字符,浮点型打印输出的也是 ASCII 码字符,保留到小数点后两位。Bytes 型则打印输出单个字符,字符和字符串原样打印输出。Serial.print()打印输出数据不换行,Serial.println()打印输出数据自动换行处理。

例如:

➢ Serial.print(78)输出为"78";

➢ Serial.print(1.23456)输出为"1.23";

➢ Serial.print("N")输出为"N";

➢ Serial.print("Hello world.")输出为"Hello world."。

也可以定义输出为几进制(格式),比如,可以是 BIN(二进制,或以 2 为基数)、OCT(八进制,或以 8 为基数)、DEC(十进制,或以 10 为基数)、HEX(十六进制,或以 16 为基数)。

对于浮点型数字,Serial.print()可以指定输出的小数数位。例如:

➢ Serial.print(78,BIN)输出为"1001110";

➢ Serial.print(78,OCT)输出为"116";

➢ Serial.print(78,DEC)输出为"78";

➢ Serial.print(78,HEX)输出为"4E"。

对于浮点型数字,Serial.println()可以指定输出的小数数位。例如:

➤ Serial.println(1.23456,0)输出为"1";

➤ Serial.println(1.23456,2)输出为"1.23";

➤ Serial.println(1.23456,4)输出为"1.2346"。

6. serial.end( )

功能:停用串行通信,使 RX 和 TX 引脚用于普通的输入/输出。

语法:Serial.end()。

说明:

当关闭串口通信之后,如果需要再次使用串行通信,则需要调用 Serial.begin( )实现串口的初始化。一般情况下,开启 Arduino 串口通信功能时,与串口对应的引脚不再用作其他功能。

2.5.2　实验:回音壁

1. 实验目的

本实验通过 Arduino Uno 来实现回音壁。在计算机上通过串口助手或者 Arduino IDE 自带的串口监控串口,向 Arduino Uno 发送一个字符,Arduino Uno 就会立即返回我们发送的数据,形成回音壁的效果。

2. 硬件连接

此实验仅需要利用 USB 电缆将 Arduino 控制板与计算机的 USB 端口连接起来即可。

3. 程序设计

利用串口字节数函数 Serial.available ()来判断串口是否有数据,如有数据,则通过串口读取函数 Serial.read()读出串口数据,并调用函数 Serial.write(val)将读取的数据发送出去,程序代码清单如下:

```
void setup() {
  //初始化串口波特率为9 600
  Serial.begin(9600);
}


void loop() {
  while (Serial.available())       //判断串口缓冲区是否有数据
  {
    char c = Serial.read();        //从串口缓冲区读取一个字节的数据
    Serial.write(c);               //将读取的数据通过串口发送
  }
}
```

2.5.3　实验:串口电压表

1. 实验目的

本实验通过 Arduino Uno 模拟量输入端口采集电压值,通过串口发送至计算机,通过串口助手或者 Arduino IDE 自带的串口监控串口,可以看到当前所测量的电压值。

2. 硬件连接

串口电压表硬件连接图如图 2-33 所示。采用电位器实现 0~5 V 电压的调节,电位器两端引脚分别接至+5 V 和地,中间引脚接至 Arduino Uno 控制板的模拟量输入端口 A0。

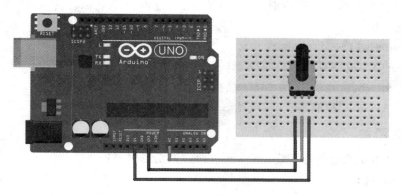

图 2-33　串口电压表硬件连接图

3. 程序设计

通过模拟量输入函数 analogRead(pin)读取电位器的分压,并利用函数 Serial.println(val)将分压值由串口发送出去,程序代码清单如下:

```
int sensorValue = 0;        //定义变量,用于存放 AD 转换数字量
float float_sensorValue;    //定义变量,用于存放浮点型电压值
void setup() {
    Serial.begin(9600);     //定义串口波特率为 9 600
}
void loop() {
    sensorValue = analogRead(A0);                        //读取 A0 口电压值
    float_sensorValue = (float)sensorValue / 1023 * 5.00;  //换算为浮点电压值
    Serial.println(float_sensorValue, 2);               //保留两位小数发送数据
    delay(1000);                                        //1 s 刷新一次
}
```

2.6　时间函数

2.6.1　时间函数库

　　Arduino 时间函数包括 millis()、micros()、delay()和 delayMicroseconds()，分别实现程序运行的时间和延时的功能。

1. 程序运行的时间

　　使用运行时间函数,能获取 Arduino 通电后(或复位后)到当前的时间。

　　(1) millis()

　　millis()为返回系统运行时间,单位为 ms。返回值是 unsigned long 类型,大概 50 天溢出一次。

　　(2) micros()

　　micros()为返回系统运行时间,单位为 μs。返回值是 unsigned long 类型,大约 70 分钟溢出一次。在使用 16 MHz 晶振的 Arduino 控制器上,精度为 4 μs;在使用 8 MHz 的 Arduino 控制器上,精度为 8 μs。

2. 延时函数

　　使用延时函数会暂停程序,可以通过参数设定延时时间。

　　(1) delay()

　　毫秒级延时。参数数据类型为 unsigned long。

　　(2) delayMicroseconds()

　　微秒级延时。参数数据类型为 unsigned int。

2.6.2　实验:查看系统已运行的时间

1. 实验目的

　　本实验利用时间函数实现延时和获取系统运行时间,并通过串口发送至计算机,通过串口助手或者 Arduino IDE 自带的串口监控串口,可以看到系统已运行的时间。

2. 硬件连接

　　本实验仅需要利用 USB 电缆将 Arduino 控制板与计算机的 USB 端口连接起来即可。

3. 程序设计

　　为将系统运行时间输出到串口,可以通过串口监视器观察程序运行时间。程序代码清单如下:

```
unsigned long time1;
unsigned long time2;
void setup() {
    Serial.begin(9600);
}
void loop() {
    time1 = millis();
    time2 = micros();
    //输出系统运行时间
    Serial.print(time1);
    Serial.println("ms");
    Serial.print(time2);
    Serial.println("us");
    //等待 1 s 开始下一次 loop 循环
    delay(1000);
}
```

第 **3** 章

温度的测量与实验

　　温度是经常接触到的物理量,也能够直观感受得到。例如,天气凉了需要增添衣物,吃的食物太烫需要吹一吹。同时,也需要对温度进行精确的测量。例如,人类的正常体温在 37.5 ℃左右,一个标准大气压下纯水沸腾时的温度是 100 ℃。这些都需要通过实验来找出其中的科学。

　　本章主要讲解温度的测量方式及有关实验,将详细讲解几种常用的温度传感器,并利用 Arduino 来实现温度的测量。这些温度传感器包括热敏电阻、LM35、DS18B20、DHT11 和热电偶。

3.1　热敏电阻测量温度

3.1.1　热敏电阻介绍

　　热敏电阻是电阻值随温度变化的半导体传感器,其典型特点是阻值对温度非常敏感,在不同的温度下会表现出不同的电阻值,从而根据表现的电阻值可逆推导得到其所处的环境温度值。其具有灵敏度高、体积小、热容量小、响应速度快、价格低廉等优点。

　　其按照温度系数不同,可分为正温度系数热敏电阻(PTC)、负温度系数热敏电阻(NTC)和临界负温度系数热敏电阻(CTR)。PTC 随着温度升高,表现出的电阻值越大;NTC 随着温度升高,表现出的电阻值越低;CTR 具有负电阻突变特性,在某一温度下,电阻值随温度的增加急剧减小,具有很大的负温度系数。由于具有不同的特性,热敏电阻的用途也是不同的。PTC 一般用作加热元件和过热保护;NTC 一般用于温度测量和温度补偿;CTR 一般用于温控报警等。

　　NTC 的测温范围为 $-60\sim+300$ ℃,标称阻值一般在 1 Ω～100 MΩ 之间,采用精密电阻和热敏电阻组合可扩大测量温度线性范围。图 3 - 1 为 NTC 实物图,图中所示为 NTC 10D - 9 和 NTC 5D - 7。NTC 表示为负温度系数的热敏电阻,10D - 9 和 5D - 7 代表其型号。其中,10D - 9 代表常温(25 ℃)、阻值 10 Ω、直径 9 mm,5D - 7 代表常温(25 ℃)、阻值 5 Ω、直径 7 mm。

　　除了图 3 - 1 所示的形状之外,热敏电阻制成的探头有珠状、棒杆状、片状和薄膜等,封装外壳有玻璃、镍和不锈钢管等套管结构,如图 3-2 所示。

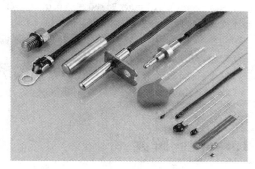

图 3-1　NTC 实物图　　　　　　　　图 3-2　NTC 的各种形式

3.1.2　硬件连接

此处使用串联测量法来进行热敏电阻测量实验,其硬件连接图如图 3-3 所示,热敏电阻采用 NTC 10D-9,串联电阻的阻值为 100 Ω。

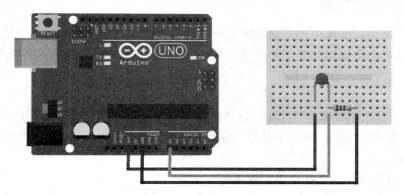

图 3-3　NTC 测温硬件连接图

3.1.3　软件编写

程序设计的主要思路:Arduino Uno 控制器通过模拟量输入端口测量串联电阻上的电压值,然后通过电流相等的原理计算出热敏电阻的阻值,最后利用公式计算出温度值。热敏电阻测温示例程序代码清单如下:

```
1    # include <math.h>          //包含数学库
2    void setup() {
3        Serial.begin(9600);      //波特率设置为 9 600
4    }
5    void loop() {
```

```
6    double Digital_Value = analogRead(0); //读取串联电阻上的电压值(数字量)
7    double Voltage_Value = (Digital_Value/1023) * 5.00; //换算成模拟量的电压值
8     //计算出热敏电阻的阻值
9    double Rt_Value = (3.3 - Voltage_Value) / Voltage_Value * 100;
10   //计算所感知的温度并发送
11   Serial.println(1/(log(Rt_Value/10)/3000 + 1/(25 + 273.15)) - 273.15, 2);
12   delay(1000);    //1 s 刷新一次
13   }
```

3.1.4 代码解读

（1）第 1 行代码：因为第 11 行代码需要进行 log 运算，所以包含数学库。

（2）第 9 行代码：通过电阻分压法，由热敏电阻上的电压计算出热敏电阻的阻值。

（3）第 11 行代码：将热敏电阻的阻值与常温下已知阻值进行计算（计算方法见 3.1.5 小节进阶阅读）得到温度值，并通过串口发送至串口监视器。

3.1.5 进阶阅读

NTC 测量的温度值和其表现出的电阻值存在已知的非线性的关系，因而可通过 NTC 测量出的电阻值计算得到其测量的温度值。NTC 的电阻值与温度值之间的关系如下：

$$R_t = R \times e^{\left[B \times \left(\frac{1}{T_1} - \frac{1}{T_2}\right)\right]}$$

式中，R_t 是热敏电阻在 T_1 温度下的阻值；R 是热敏电阻在 T_2 常温下的标称阻值；B 值是热敏电阻的重要参数；T_1 和 T_2 是指 K 度即开尔文温度，K 度＝273.15（绝对温度）＋摄氏度。

逆向计算得到的热敏电阻的温度值与电阻值的关系如下：

$$T_1 = 1/[\ln(R_t/R)/B + 1/T_2]$$

电阻值的测量一般都是利用串联已知阻值的电阻并施加已知大小的电压，通过测量已知阻值的电阻上的分压值来计算得到被测电阻阻值的，如图 3-4 所示。设施加的激励电压为 E_b，热敏电阻的阻值为 R_t，串联电阻阻值为 R_s，则串联电阻上的分压值为：

$$E_{out} = E_b \times \frac{R_s}{R_t + R_s}$$

除了串联测量法之外，还有惠斯登电桥测量法，如图 3-5 所示。设电桥的激励电压为 E_b，热敏电阻的阻值为 R_t，电桥电阻阻值为 R_1、R_2 和 R_3，则电桥输出电压为：

$$E_{out} = E_b \times \frac{R_3}{R_t + R_3} - E_b \times \frac{R_2}{R_1 + R_2} = E_b \times \left(\frac{R_3}{R_t + R_3} - \frac{R_2}{R_1 + R_2}\right)$$

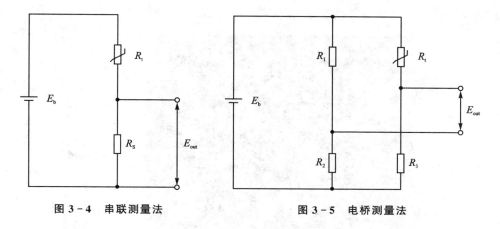

图 3 - 4　串联测量法　　　　　　　　　图 3 - 5　电桥测量法

3.2　LM35 测量温度

3.2.1　LM35 介绍

　　LM35 是美国 National Semiconductor(国家半导体)所生产的模拟温度传感器，其输出的电压与摄氏温度成线性比例关系。在 0 ℃时输出 0 V，温度每升高1 ℃，输出电压增加 10 mV。测温范围为－55～＋150 ℃，精度为 0.75 ℃，室温的精度可达 0.25 ℃。常用的 TO－92 封装的引脚排列如图 3－6 所示，在 2～150 ℃的测温范围内的典型应用电路如图 3－7 所示。

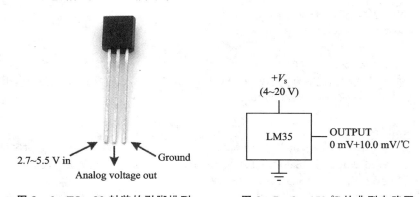

图 3 - 6　TO－92 封装的引脚排列　　　　图 3 - 7　2～150 ℃的典型电路图

3.2.2　硬件连接

　　将 LM35 模拟量温度传感器的＋V_s 和 GND 分别连接至 Arduino Uno 控制器的＋5 V 和 GND，以给 LM35 提供工作电源，LM35 的 V_{out} 引脚接至 Arduino Uno 控

制器模拟量输入端口 A0,如图 3 - 8 所示。

图 3 - 8　LM35 测温硬件连接图

3.2.3　软件编写

程序设计的主要思路:首先 Arduino Uno 控制器通过模拟量输入端口测量 LM35 输出的电压值,然后通过 10 mV/℃ 的比例系数计算出温度值。因为在 100 ℃ 时,LM35 输出电压值为 1 000 mV,在 Arduino Uno 控制器的内部参考电压范围内, 所以采用 1.1 V 内部参考电压。LM35 测温示例程序代码清单如下:

```
1    int Digital_Value = 0;
2    float temp_Value = 0;
3    void setup(){
4        Serial.begin(9600);                          //波特率设置为 9 600
5        //由于测温范围为 0~100 ℃,输出电压为 0~1 V,采用内部 1.1 V 参考电压
6        analogReference(INTERNAL);
7    }
8    void loop(){
9        Digital_Value = analogRead(A0);              //读取电压值(数字量)
10       temp_Value = (float)Digital_Value/1023 * 110.00;   //换算成摄氏温度
11       Serial.print("Temperature for LM35 is:");
12       Serial.println(temp_Value,2);                //发送温度数据
13       delay(1000);                                 //1 s 刷新一次
14   }
```

3.2.4　代码解读

(1) 第 6 行代码:设置模拟量输入电压的基准为内部 1.1 V 基准。

（2）第 10 行代码：读取电压值并转换为摄氏温度值。

3.2.5 实验与演示

实验硬件连接图如图 3-9 所示，使用 LM35 温度传感器模块来进行实验，串口接收到的温度数据如图 3-10 所示。

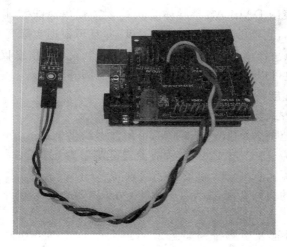

图 3-9 实验硬件连接图

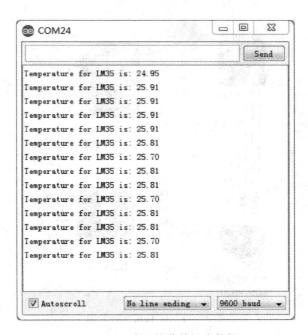

图 3-10 串口接收的温度数据

3.3 DS18B20 多路温度测量

3.3.1 DS18B20 介绍

DS18B20 是美国 DALLAS 半导体公司的数字化单总线智能温度传感器,与传统的热敏电阻相比,它能够直接读出被测温度,并且可根据实际要求通过简单的编程实现 9～12 位的数字值读数方式。从 DS18B20 读出或写入信息仅需一根读写线(单总线),总线本身也可以向所挂接的设备供电,无需额外电源。

DS18B20 的性能特点如下:

① 单线接口方式实现双向通信;

② 供电电压范围为 +3.0～+5.5 V,可用数据线供电;

③ 测温范围为 -55～+125 ℃,固有测温分辨率为 0.5 ℃;

④ 通过编程可实现 9～12 位的数字读数方式;

⑤ 支持多点的组网功能,多个 DS18B20 可以并联在唯一的单总线上,实现多点测温。

DS18B20 的外形及引脚排列如图 3 - 11 所示,DS18B20 引脚定义:① DQ 为数字量信号输入/输出端;② GND 为电源地;③ V_{DD} 为外接供电电源输入端(在寄生电源接线方式时接地)。

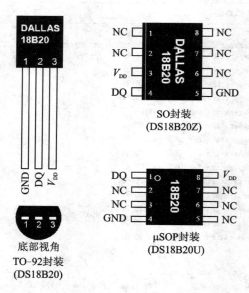

图 3 - 11 DS18B20 封装图

3.3.2　硬件连接

一路温度测量：将 DS18B20 温度传感器的 V_{DD} 和 GND 分别连接至 Arduino Uno 控制器的＋5 V 和 GND，以给 DS18B20 提供电源，DS18B20 的 DQ 引脚接至 Arduino Uno 控制器数字引脚 D2，且并联 4.7 kΩ 的上拉电阻，如图 3－12 所示。

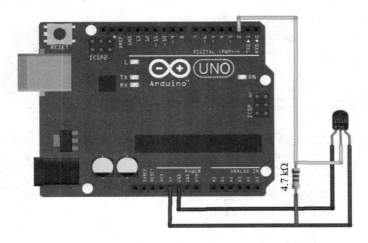

图 3－12　一路温度测量硬件连接图

多路温度测量：将两个 DS18B20 温度传感器的 V_{DD} 和 GND 分别连接至 Arduino Uno 控制器的＋5 V 和 GND，以给两个 DS18B20 提供电源，两个 DS18B20 的 DQ 引脚接至 Arduino Uno 控制器数字引脚 D2，且并联 4.7 kΩ 的上拉电阻，如图 3－13 所示。

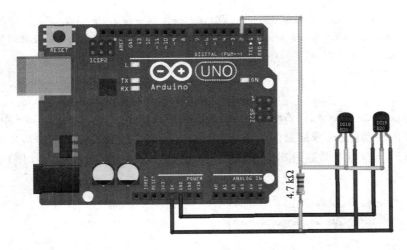

图 3－13　多路温度测量硬件连接图

3.3.3 软件编写

程序设计的主要思路：Arduino Uno 控制器通过 DallasTemperature 函数库实现单总线的启动、发送测量温度的请求、读取 0 号传感器温度，最后通过串口发送出去。单个 DS18B20 测温示例程序代码清单如下：

```
1    # include <OneWire.h>
2    # include <DallasTemperature.h>
3
4    # define ONE_WIRE_BUS 2      //定义单总线连接的端口
5    OneWire oneWire(ONE_WIRE_BUS);
6    DallasTemperature sensors(&oneWire);
7
8    void setup(void)
9    {
10     Serial.begin(9600);
11     Serial.println("Dallas Temperature IC Control Library Demo");
12     sensors.begin();        //启动单总线
13   }
14
15   void loop(void)
16   {
17     Serial.print("Requesting temperatures...");
18     sensors.requestTemperatures();    //发送温度测量请求命令
19     Serial.println("DONE");
20
21     Serial.print("Temperature for the device 1 (index 0) is: ");
22     Serial.print(sensors.getTempCByIndex(0));   //获取 0 号传感器温度数据并发送
23     Serial.println("℃ ");
24     delay(1000);   //1 s 刷新一次
25   }
```

程序设计的主要思路：Arduino Uno 控制器通过 DallasTemperature 函数库实现单总线的启动、发送测量温度的请求、读取 0 号传感器温度并通过串口发送出去，读取 1 号传感器温度并通过串口发送出去。多个 DS18B20 测温示例程序代码清单如下：

```
1    # include <OneWire.h>
2    # include <DallasTemperature.h>
3
4    // Data wire is plugged into port 2 on the Arduino
5    # define ONE_WIRE_BUS 3
```

```
6    #define TEMPERATURE_PRECISION 9
7
8    // Setup a oneWire instance to communicate with any OneWire devices (not just Maxim/
     //Dallas temperature ICs)
9    OneWire oneWire(ONE_WIRE_BUS);
10
11   // Pass our oneWire reference to Dallas Temperature.
12   DallasTemperature sensors(&oneWire);
13
14   int numberOfDevices; // Number of temperature devices found
15
16   DeviceAddress tempDeviceAddress; //We'll use this variable to store a found
                                     //device address
17
18   void setup(void)
19   {
20     // start serial port
21     Serial.begin(9600);
22     Serial.println("Dallas Temperature IC Control Library Demo");
23
24     // Start up the library
25     sensors.begin();
26
27     // Grab a count of devices on the wire
28     numberOfDevices = sensors.getDeviceCount();
29
30     // locate devices on the bus
31     Serial.print("Locating devices...");
32
33     Serial.print("Found ");
34     Serial.print(numberOfDevices, DEC);
35     Serial.println(" devices.");
36
37     // report parasite power requirements
38     Serial.print("Parasite power is: ");
39     if (sensors.isParasitePowerMode()) Serial.println("ON");
40     else Serial.println("OFF");
41
42     // Loop through each device, print out address
43     for(int i = 0;i<numberOfDevices; i++)
44     {
45       // Search the wire for address
```

```
46        if(sensors.getAddress(tempDeviceAddress, i))
47        {
48          Serial.print("Found device ");
49          Serial.print(i, DEC);
50          Serial.print(" with address: ");
51          printAddress(tempDeviceAddress);
52          Serial.println();
53
54          Serial.print("Setting resolution to ");
55          Serial.println(TEMPERATURE_PRECISION,DEC);
56
57          // set the resolution to 9 bit (Each Dallas/Maxim device is capable of several
             // different resolutions)
58          sensors.setResolution(tempDeviceAddress, TEMPERATURE_PRECISION);
59
60          Serial.print("Resolution actually set to: ");
61          Serial.print(sensors.getResolution(tempDeviceAddress), DEC);
62          Serial.println();
63        }else{
64          Serial.print("Found ghost device at ");
65          Serial.print(i, DEC);
66          Serial.print(" but could not detect address. Check power and cabling");
67        }
68      }
69
70  }
71
72  // function to print the temperature for a device
73  void printTemperature(DeviceAddress deviceAddress)
74  {
75    // method 1 - slower
76    //Serial.print("Temp C: ");
77    //Serial.print(sensors.getTempC(deviceAddress));
78    //Serial.print(" Temp F: ");
79    //Serial.print(sensors.getTempF(deviceAddress));
       // Makes a second call to getTempC and then converts to Fahrenheit
80
81    // method 2 - faster
82    float tempC = sensors.getTempC(deviceAddress);
83    Serial.print("Temp C: ");
84    Serial.print(tempC);
85    Serial.print(" Temp F: ");
```

```
86      Serial.println(DallasTemperature::toFahrenheit(tempC));
        // Converts tempC to Fahrenheit
87  }
88
89  void loop(void)
90  {
91    // call sensors.requestTemperatures() to issue a global temperature
92    // request to all devices on the bus
93    Serial.print("Requesting temperatures...");
94    sensors.requestTemperatures(); // Send the command to get temperatures
95    Serial.println("DONE");
96
97
98    // Loop through each device, print out temperature data
99    for(int i = 0;i<numberOfDevices; i++)
100     {
101       // Search the wire for address
102       if(sensors.getAddress(tempDeviceAddress, i))
103         {
104           // Output the device ID
105           Serial.print("Temperature for device: ");
106           Serial.println(i,DEC);
107
108           // It responds almost immediately. Let's print out the data
109           printTemperature(tempDeviceAddress); //Use a simple function to print
                                                   //out the data
110         }
111       //else ghost device! Check your power requirements and cabling
112
113     }
114  }
115
116  // function to print a device address
117  void printAddress(DeviceAddress deviceAddress)
118  {
119    for (uint8_t i = 0; i < 8; i++)
120    {
121      if (deviceAddress[i] < 16) Serial.print("0");
122      Serial.print(deviceAddress[i], HEX);
123    }
124  }
```

3.3.4 代码解读

一路温度测量代码清单解读如下：

① 第 5 行代码：创建单总线对象。

② 第 6 行代码：创建单总线温度传感器对象。

③ 第 12 行代码：启动单总线。

④ 第 18 行代码：发送温度测量请求命令。

⑤ 第 22 行代码：sensors.getTempCByIndex(0))为读取索引号为 0 的 DS18B20 传感器的温度数据。

多路温度测量代码清单解读如下：

① 第 6 行代码：定义温度读取的精度。

② 第 28 行代码：扫描单总线上器件的数量。

③ 第 46 行代码：sensors.getAddress(tempDeviceAddress，i)为根据索引号来获取单总线器件的地址。

④ 第 58 行代码：设置指定地址 DS18B20 传感器的温度精度。

⑤ 第 61 行代码：sensors.getResolution(tempDeviceAddress)为读取索引号为 0 的 DS18B20 传感器的温度精度。

⑥ 第 77 行代码：sensors.getTempC(deviceAddress)为获取指定地址的传感器的温度数据。

3.3.5 实验与演示

单路实验硬件连接图如图 3－14 所示，使用 DS18B20 温度传感器模块来进行实验，单路和两路实验中串口接收到的温度数据分别如图 3－15 和图 3－16 所示。

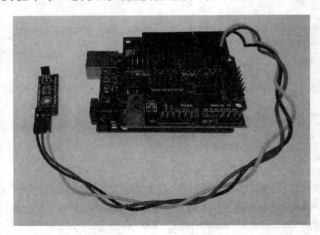

图 3－14　单路实验硬件连接图

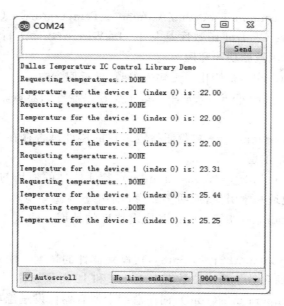

图 3 - 15 单路串口接收的温度数据

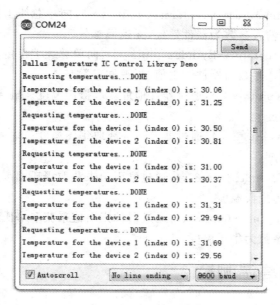

图 3 - 16 两路串口接收的温度数据

3.3.6 进阶阅读

Arduino 要实现对 DS18B20 的操作,需要 OneWire 和 Dallas Temperature Control 两个库文件,下载地址分别为 http://playground.arduino.cc/Learning/OneWire

和 https://github.com/milesburton/Arduino - Temperature - Control - Library。Dallas Temperature Control 函数库是基于 OneWire 函数库进行开发的，更便于使用。下面讲解主要函数的功能和用法。

① void begin(void)：初始化。无输入参数，无返回参数。

② getDeviceCount(void)：获取单总线上所连接器件的总数。无输入参数，返回参数为器件数目。

③ validAddress(uint8_t *)：验证指定地址的器件是否存在。输入参数为器件地址，返回参数为布尔型。

④ getAddress(uint8_t *, const uint8_t)：验证器件的地址与索引值是否匹配。输入参数为器件地址和索引值，返回参数为布尔型。

⑤ getResolution(uint8_t *)：获取指定器件的精度。输入参数为器件地址，返回参数为精度位数。

⑥ setResolution(uint8_t *, uint8_t)：设置器件的精度。输入参数为器件地址和精度位数，无返回参数。精度位数有 9、10、11 和 12 可供选择。

⑦ requestTemperatures(void)：向单总线上所有器件发送温度转换请求。无输入参数，无返回参数。

⑧ requestTemperaturesByAddress(uint8_t *)：向单总线上指定地址的器件发送温度转换请求。输入参数为器件地址，无返回参数。

⑨ requestTemperaturesByIndex(uint8_t)：向单总线上指定索引值的器件发送温度转换请求。输入参数为器件索引值，无返回参数。

⑩ getTempC(uint8_t *)：通过器件地址获取摄氏温度。输入参数为器件地址，返回参数为摄氏温度。

⑪ getTempF(uint8_t *)：通过器件地址获取华氏温度。输入参数为器件地址，返回参数为华氏温度。

⑫ getTempCByIndex(uint8_t)：通过索引值来获取摄氏温度。输入参数为器件索引值，返回参数为摄氏温度。

⑬ getTempFByIndex(uint8_t)：通过器件索引值来获取华氏温度。输入参数为器件索引值，返回参数为华氏温度。

3.4 热电偶高温测量

3.4.1 热电偶介绍

将两种不同材料的导体或半导体 A 和 B 焊接起来，构成一个闭合回路。当导体 A 和 B 的两个连接点 1 和 2 之间存在温差时，两者之间便产生电动势，因而在回路中形成一个回路电流。这种现象称为热电效应，而这种电动势称为热电势。热电效应原理图如图 3 - 17 所示。

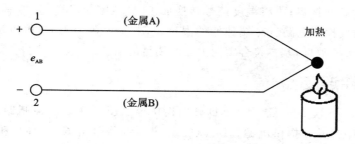

图 3 - 17 热电效应原理图

热电偶就是利用热电原理进行温度测量的。其中，直接用作测量介质温度的一端叫工作端(也称为测量端)，另一端叫冷端(也称为补偿端)。实际上它是一种能量转换器，将热能转换为电能，用所产生的热电势测量温度。

常用的 K 型热电偶实物如图 3 - 18 所示，可以直接测量各种生产中范围为 0~1 300 ℃的液体蒸汽和气体介质以及固体的表面温度。具有线性度好，热电动势较大，灵敏度高，稳定性和均匀性较好，抗氧化性能强，价格低廉等优点。

图 3 - 18 K 型热电偶实物图

根据热电偶测温原理，K 型热电偶的输出热电势不仅与测量端的温度有关，而且还与冷端的温度有关，需要温度补偿电路(图 3 - 19为补偿示意图)，同时热电偶的电压与温度之间具有非线性关系，MAX6675

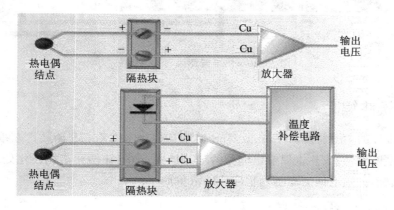

图 3 - 19 热电偶补偿电路示意图

模块可以对 K 型热电偶进行信号放大、冷端补偿和非线性校正。MAX6675 带有简单的 3 位串行 SPI 接口;可将温度信号转换成 12 位数字量,温度分辨率达 0.25 ℃;内含热电偶断线检测电路。冷端补偿的温度范围为 −20～80 ℃,可以测量范围为 0～1 023.75 ℃ 的温度,基本符合工业上温度测量的需要。

3.4.2　硬件连接

将 MAX6675 模块的 V_{CC} 和 GND 分别连接至 Arduino Uno 控制器的 +5 V 和 GND,以给 MAX6675 提供电源。MAX6675 模块的信号引脚 SO、CS 和 CSK 连接至数字引脚 5、6、7,K 型热电偶的正、负极分别连接至 MAX6675 模块的 T+ 和 T−,如图 3 − 20 所示。

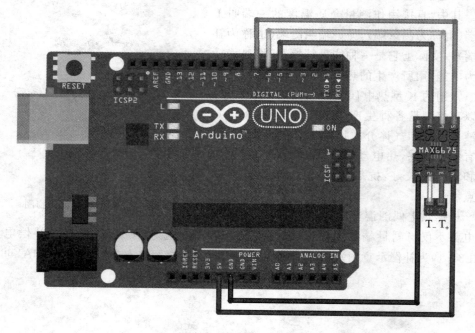

图 3 − 20　热电偶测温硬件连接图

3.4.3　软件编写

程序设计的主要思路:Arduino Uno 控制器通过 MAX6675 函数库获取热电偶所测量的温度值,完成热电偶输出电压的信号放大、冷端补偿和非线性化处理,最终通过串口输出。热电偶测温示例程序代码清单如下:

```
1    # include "Max6675.h"

2    Max6675 ts(5, 6, 7);                    //依次定义 SO、CS、CSK 所连接的引脚号
```

```
3   void setup(){
4     ts.setOffset(0);                      //设置温度偏移量
5     Serial.begin(9600);
6   }
7
8   void loop(){
9     Serial.print("temperature is ");
10    Serial.println(ts.getCelsius(), 2);   //获取摄氏温度,并通过串口发送
11    delay(1000);                          //1 s 刷新一次
12  }
```

3.4.4 代码解读

① 第 2 行代码:依次定义 SO、CS、CSK 所连接的引脚。
② 第 4 行代码:设置温度偏移值,可以用于修正温度。
③ 第 10 行代码:通过 ts.getCelsius()函数获取摄氏温度值。

3.4.5 实验与演示

实际的实验硬件连接图如图 3 - 21 所示,实验中串口接收到的温度数据如图 3 - 22 所示。

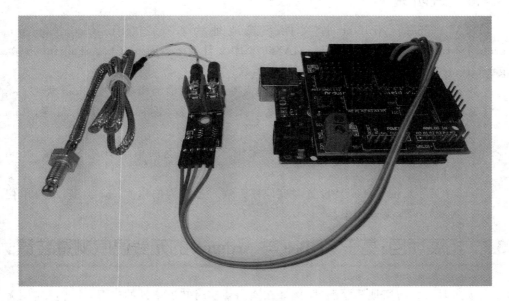

图 3 - 21　实验硬件连接图

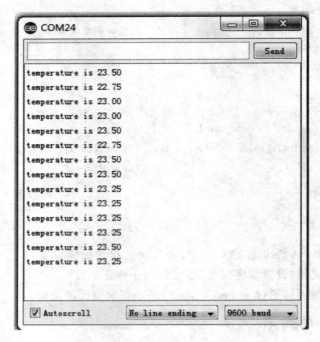

图 3 - 22　串口接收的温度数据

3.4.6　进阶阅读

MAX6675 的 Arduino 库 文 件 下 载 地 址 为 https://github. com/aguegu/ardulibs/tree/master/max6675。MAX6675 库文件有 getCelsius()、getFahrenheit()、getKelvin()和 setOffset(int offset)几个函数。

- ➤ getCelsius()：获取摄氏温度。无输入参数,返回值为摄氏温度,float 类型。
- ➤ getFahrenheit()：获取华氏温度。无输入参数,返回值为华氏温度,float 类型。
- ➤ getKelvin()：获取开尔文温度。无输入参数,返回值为开尔文温度,float 类型。
- ➤ setOffset(int offset)：设置温度偏移。输入参数为偏移值,int 类型,最小单位为 0.25 ℃,无返回值。

3.5　拓展项目:基于 **ZigBee** 与 **Arduino** 的无线温度测量装置

很多时候无法实地测量温度,例如在室内要实时知道室外的气温,这时可使用无线传输来实现。Arduino 控制器外围实现 ZigBee 无线传输功能的主要有 XBee 模块和 Zigduino 控制器。XBee 模块是串口操作,使用 Arduino 控制器与 XBee 模块即可实现 ZigBee 无线传输,但是 XBee 模块价格较高,而且需要转接板或连接线,不利于集成化;Zigduino 是带有 ZigBee 无线传输功能的 Arduino 兼容控制器,具有集成化程度高、体积小、性价比高的优点。从性价比的角度出发,最终采用 Zigduino 控制器来实现温度数据的 ZigBee 无线传输。

本节利用 Zigduino 内部集成的无线模块实现数据的无线传输,温度测量部分采用单总线数字式温度传感器 DS18B20 实现温度测量,时钟和显示部分使用 DS3231 实时时钟模块和 LCD1602 液晶显示模块实现时钟和温度的显示功能。

3.5.1　IDE 的设置

Zigduino 是一款兼容 Arduino 的开源硬件控制器,不仅与 Arduino 控制器兼容,而且内部集成了 802.15.4 协议无线模块,支持任何基于 802.15.4 协议的无线模块,包括 ZigBee、MAC/6LoWPAN 和 RF4CE。虽然 Zigduino 的核心单片机 Atmega128RFA1 的工作电压为 3.3 V,但是 Zigduino 控制器的引脚兼容 5 V,并且可以与 Arduino 扩展板保持兼容。除此之外,Zigduino 控制器还内置了锂电管理模块,并且具有 128 KB FLASH 和 16 KB SRAM,可以满足较复杂的应用需求。Zigduino 实物图如图 3 - 23 所示。

图 3 - 23　Zigduino 实物图

Zigduino 的开发环境是基于 Aduino 的开发环境开发而来的,可以使用 Ziduino 完整版或 Arduino IDE 扩展包来实现 Zigduino 的开发。IDE 完整版下载地址为 http://pan.baidu.com/share/link? shareid＝387242&uk＝3643299,IDE 扩展包下载地址为 http://pan.baidu.com/share/link? shareid＝419678&uk＝3643299。

完整版的使用方法:直接解压缩后运行 arduino.exe,在板卡里选择 OCROBOT HoneyBee 即可正常使用。

扩展包的使用方法:将扩展包内 2 个文件夹复制到原 IDE 的根目录下,替换掉提示重复的文件后,再次运行 arduino.exe 即可正常使用。

3.5.2　温度测量部分

温度测量部分采用 Zigduino 控制器和温度传感器 DS18B20 来实现,将 DS18B20 的 V_{DD} 和 GND 分别接至 Zigduino 控制器的 5 V 和 GND,数据引脚 DQ 接至 Zigduino 控制器的数字端口 D2,并且在数据引脚 DQ 与+5 V 之间连接阻值为 4.7 kΩ 的上拉电阻,以保证温度传感器 DS18B20 能够正常工作。Zigduino 控制器与 DS18B20 的连接示意图如图 3-24 所示。

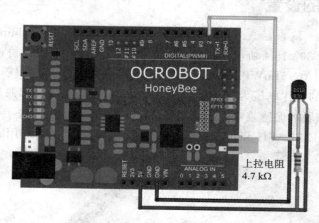

图 3 - 24　温度测量部分硬件连接图

温度测量部分采用 Zigduino 控制器与 DS18B20 来实现,即可使用第三方函数库 DallasTemperature 来实现,只是将带有两位小数的温度数据先放大 100 倍,以去除小数点,再提取出温度数据的整数部分和小数部分。温度测量部分程序代码清单如下:

```
1    # include <ZigduinoRadio.h>          //加载无线库
2    # include <OneWire.h>                 //加载单总线总线库
3    # include <DallasTemperature.h>       //加载单总线温度传感器库
4    # define ONE_WIRE_BUS 2               //定义单总线所连接的引脚
5    OneWire oneWire(ONE_WIRE_BUS);
6    DallasTemperature sensors(&oneWire);
7    char i,j;        //定义变量,用于存放温度数据的整数和小数部分
8    int a;           //定义变量,用于存放温度数据
9    void setup()
10   {
11       ZigduinoRadio.begin(11);          //设置通道为 11,可设置为 11~26
12       sensors.begin();                  //初始化传感器
13   }
```

```
14    void loop(){
15        sensors.requestTemperatures();        //从 DS18B20 传感器获取温度数据
16        a = sensors.getTempCByIndex(0) * 100;  //将温度数据放大 100 倍,以去除小数点
17        i = a/100;                            //取出温度数据的整数部分
18        j = a % 100;                          //取出温度数据的小数部分
19        ZigduinoRadio.beginTransmission();     //无线开始通信标志
20        ZigduinoRadio.write(i);               //无线发送温度数据的整数部分
21        ZigduinoRadio.write(j);               //无线发送温度数据的小数部分
22        ZigduinoRadio.endTransmission();       //无线结束通信标志
23        delay(1000);                          //更新速率为 1 次/秒
24    }
```

3.5.3　时钟和显示部分

　　时钟和显示部分采用 Zigduino 控制器和 DS3231 实时时钟模块、LCD1602 液晶显示屏模块来实现。将 DS3231 的 5 V 和 GND 分别接至 Zigduino 控制器的 5 V 和 GND;信号引脚 SCL、SDA 分别接至 Zigduino 控制器的端口 SCL、SDA;将 LCD1602 液晶显示屏模块的 V_{CC}、GND、R/W 分别接至 Zigduino 控制器的 5 V、GND 和 GND;对比度调节引脚 V_{EE} 通过 10 kΩ 的电位器来调节分压值,从而实现对比度的调节;信号控制引脚 RS、E 分别直接接至 Zigduino 控制器数字端口 D7 和 D6;数据输入引脚 D4、D5、D6、D7 分别接至 Zigduino 控制器数字端口 D5、D4、D3、D2。具体的连接示意图如图 3 - 25 所示。

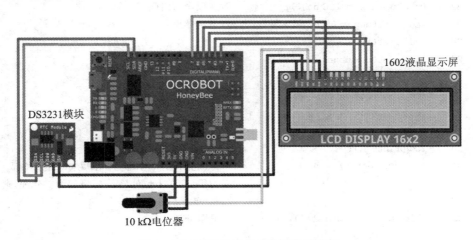

图 3 - 25　时钟和显示部分硬件连接图

　　时钟和显示部分的 Zigduino 控制器主要实现读取 DS3231 实时时钟模块未获取时间并通过无线传输接收温度数据、利用 LCD1602 液晶显示屏模块将时间和温度数据显示出来。DS3231 是使用第三方函数库来实现的,时钟与显示部分程序代码清单

如下：

```
1    /*****包含库文件*******/
2    #include <LiquidCrystal.h>        //加载液晶显示库
3    #include <Wire.h>                 //加载 I²C 总线库
4    #include <ZigduinoRadio.h>        //加载无线库
5    #include <DS3231.h>               //加载 DS3231 时钟库
6
7    DS3231 RTC;                       //创建时钟类
8    LiquidCrystal lcd(7, 6, 5, 4, 3, 2);  //依次为液晶 RS、E、D4、D5、D6、D7 所连接的引脚
9    char i, j;
10
11   void setup()
12   {
13     ZigduinoRadio.begin(11);       //设置通道为 11,可设置为 11~26
14     lcd.begin(16, 2);              //初始化 1602 液晶显示屏
15     Wire.begin();                  //初始化 I²C 总线
16     RTC.begin();                   //启动 DS3231 实时时钟模块
17     lcd.clear();                   //清除液晶显示屏上的内容
18   }
19   void loop()
20   {
21     lcd.setCursor(0, 0);
22     DateTime now = RTC.now();      //获取当前时间
23     lcd.print(now.year(), DEC);    //显示年份
24     lcd.print('/');
25     lcd.print(now.month(), DEC);   //显示月份
26     lcd.print('/');
27     lcd.print(now.date(), DEC);    //显示日期
28     lcd.setCursor(0, 1);
29     lcd.print(now.hour(), DEC);    //显示小时
30     lcd.print(':');
31     if (now.minute() > 9) {        //判断分钟的十位部分是否为零,若十位部分
                                      //为零,则在十位处显示 0,例如为 5 分钟,则显
                                      //示 05。下同
32       lcd.print(now.minute(), DEC);  //显示分钟
33     }
34     else {
35       lcd.print("0");
36       lcd.print(now.minute(), DEC);
37     }
38     lcd.print(':');
```

```
39    if (now.second() > 9) {
40        lcd.print(now.second(), DEC);        //显示秒钟
41    }
42    else {
43        lcd.print("0");
44        lcd.print(now.second(), DEC);
45    }
46    lcd.print(" ");
47    if (ZigduinoRadio.available())            //判断无线是否接收到数据
48    {
49        i = (char)ZigduinoRadio.read();   //将接收到的数据赋给变量 i,因为我们在发
                                            //射端发送的数据为 char 型变量,故要接收
                                            //char 型可以直接在接收变量前面加(char),
                                            //这样即可使接收到的数据变为 char 型
50        j = (char)ZigduinoRadio.read();
51    }
52    lcd.print(i, DEC);                        //显示温度数据的整数部分
53    lcd.print(".");
54    if (j > 9) {
55        lcd.print(j, DEC);                    //显示温度数据的小数部分
56    }
57    else {
58        lcd.print("0");
59        lcd.print(j, DEC);
60    }
61    lcd.write(0xdf);                          //显示摄氏温度单位℃
62    lcd.write('C');
63 }
```

3.5.4　时钟校准部分

若是因为时钟芯片或模块在出厂之后没能保证一直供电导致时间不正确,或者其他原因的影响,导致时钟模块的时间与当前时间有所差值,则这时就需要对时钟模块进行校准。在时钟校准代码中将时间改为当前时间时,最好略微超前 30 s 左右,因为编译和下载需要耽误一些时间。校准后,将校准代码下载至连接有 DS3231 实时时钟模块的 Zigduino 或 Arduino 控制器,时钟校准部分程序代码清单如下:

```
1    # include <Wire.h>
2    # include "DS3231.h"
3    DS3231 RTC; //Create the DS3231 object
4    char weekDay[][4] = {"Sun", "Mon", "Tue", "Wed", "Thu", "Fri", "Sat" };
```

```
5    //year, month, date, hour, min, sec and week - day(starts from 0 and goes to 6)
6    //writing any non - existent time - data may interfere with normal operation of
     //the RTC.
7    //Take care of week - day also.
8    DateTime dt(2011, 11, 10, 15, 18, 0, 5);    //需要校准的时间,最好
9    void setup ()
10   {
11     Serial.begin(57600);
12     Wire.begin();
13     RTC.begin();
14     RTC.adjust(dt); //Adjust date - time as defined 'dt' above
15   }
16   void loop ()
17   {
18     DateTime now = RTC.now();                  //获取时间
19     Serial.print(now.year(), DEC);
20     Serial.print('/');
21     Serial.print(now.month(), DEC);
22     Serial.print('/');
23     Serial.print(now.date(), DEC);
24     Serial.print(' ');
25     Serial.print(now.hour(), DEC);
26     Serial.print(':');
27     Serial.print(now.minute(), DEC);
28     Serial.print(':');
29     Serial.print(now.second(), DEC);
30     Serial.println();
31     Serial.print(weekDay[now.dayOfWeek()]);
32     Serial.println();
33     delay(1000);
34   }
```

3.5.5 实验演示

实物演示图如图 3 - 26 所示,图中上方为时钟和显示部分,下方为温度测量部分。为了更好地证明两者是通过无线传输数据的,温度测量部分采用外接电源端口供电,时钟和显示部分采用 USB 端口供电。

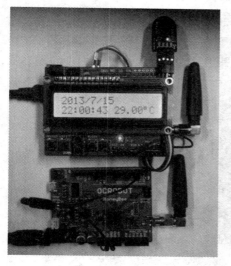
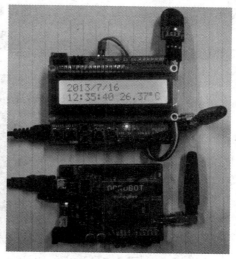

图 3 - 26　实物演示图

3.6　本章小结

　　本章介绍了温度测量的几种常用传感器,从测温原理、器件特性、在 Arduino 中的编程与使用等方面做了详细的介绍。总结本文,有以下几点:

　　① NTC 热敏电阻价格低廉,但是要想得到很高的测量精度,需要做很多优化工作,难度较大。

　　② LM35 可直接输出模拟电压,使用较为方便,精度较高,适用于热电偶冷端补偿中的环境温度测量。

　　③ DS18B20 是单总线数字温度传感器,性价比较高,测量精度也较高,可以单个总线同时挂多个传感器。

　　④ DHT11 是温湿度传感器,单总线,不占用过多的 I/O 口,而且可以同时输出湿度数据,适合同时需要温、湿度数据的场合应用。

　　⑤ 热电偶和 MAX6675 配合使用,适合高温测量。省去了热电偶的冷端补偿、线性化和模数转换等工作,使用较方便,精度较高,对其数据进行二次拟合标定后,可以得到更高的测量精度。

　　最后对比热电偶＋MAX6675 模块和 DS18B20 的响应速度。图 3 - 27 所示是基于 Arduino 与 LabVIEW 的实验平台采集到的热电偶在放进热水中的数据变化情况。从图中可以看出,最高温度约为 60 ℃,热电偶的响应曲线较为平直,上升速度较快。图 3 - 28 所示为基于 Arduino 与 LabVIEW 的实验平台采集到的 DS18B20 对于冷热变化的响应曲线图。从图中可以看出最高温度超过 80 ℃，DS18B20 响应曲线较为平缓，随着温差的缩小，温度响应速度越发放缓。

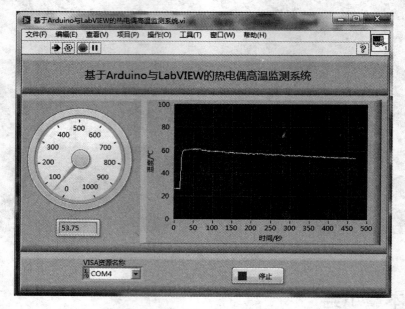

图 3 - 27　热电偶温度变化响应曲线图

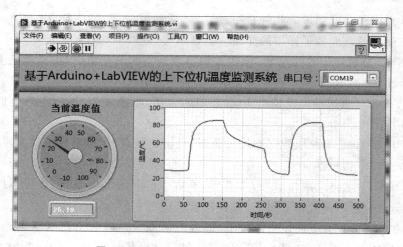

图 3 - 28　DS18B20 温度变化响应曲线图

第 **4** 章

电量的测量与实验

本章主要讲解电量的测量方式及有关实验,涉及交流电信号和直流电信号。

交流电(Alternating Current),简称为 AC,交流电也称"交变电流",简称"交流"。电流方向随时间作周期性变化的为交流电,它的最基本的形式是正弦电流。当法拉第发现了电磁感应后,产生交流电流的方法也被法拉第同时发现,法拉第因此被誉为"交流电之父"。

以正弦交流电的应用最为广泛,其他非正弦交流电一般都可以经过数学处理后,化成为正弦交流电的叠加。正弦电流(又称简谐电流)是时间的简谐函数。

当闭合线圈在匀强磁场中绕垂直于磁场的轴匀速转动时,线圈里会产生大小和方向作周期性改变的正弦交流电。

直流电(DC,Direct Current)是电荷的单向流动或者移动,通常是电子。电流密度随着时间而变化,但是通常移动的方向在所有时间里都是一样的。

在直流电路中,电子从阴极、负极、负磁极形成,并向阳极、正极、正磁极移动。不过,物理学家定义直流电为从正极到负极的运动。

直流电是由电气化学、光电单元和电池产生的。在大多数国家,从设备中流出的电流是交流(AC)的,交流电可以转换为直流电,通过由转换器、整流器(阻止电流反方向流动)以及过滤器(消除整流器流出的电流中的跳动)组成的电源进行。

4.1 直流电测量

4.1.1 直流电压测量

1. 电阻分压传感器

基于电阻分压原理的电压检测模块,可将输入电压缩小,Arduino 主板的模/数转换引脚检测到缩小后的电压值后,即可计算出待测电压。其中,采样电阻采用高精度电阻,其精度为 0.5%,温度系数为 5×10^{-5},从而有效地保证了检测精度。电阻分压传感器实物图如图 4-1 所示。

2. 硬件连接

将电压传感器模块的 SIG 和 GND 分别连接至 Arduino Uno 控制器的模拟引脚 A0 和 GND。

3. 软件编写

程序设计的主要思路:Arduino Uno 控制器首先通过模拟量输入端口 A0 测量电阻分压传感器的输出信号,然后由分压系数计算出被测电压值,最后通过串口发送出去。直流电压测量示例程序代码清单如下:

图 4 - 1　电阻分压传感器

```
1    void setup() {
2      Serial.begin(9600);
3    }
4
5    void loop() {
6      // read the input on analog pin 0:
7      int sensorValue = analogRead(A0);
8      //This divider module will divide the measured voltage by 5, the maximum voltage
         //it can measure is 25 V.
9      float voltage = sensorValue * (25.0 / 1023.0);
10     // print out the value you read:
11     Serial.println(voltage);
12   }
```

4. 代码解读

第 9 行代码:由于电压传感器将输入电压值缩小了 1/5,所以 Arduino 测量之后需要放大 5 倍,以还原被测电压值。

4.1.2　直流电流测量

1. ACS712 电流传感器

ACS712(±5 A)是基于 ACS712ELCTR - 05B 的电流传感器模块,如图 4 - 2 所示。其根据霍尔原理将电流转换成模拟电压输出,含 AD 转换器的 MCU(Arduino UNO R3)即可读出电压值并可变换成测量的电流值,适用于 5 V 供电的单片机系统。其可测量交、直流电,量程为±5 A,广泛应用于过流检测、电流监测等场合。

(1) 模块特点

① 供电电压为 4.5～5.5 V;

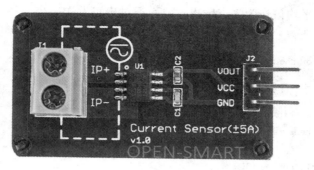

图 4 - 2　ACS712 电流传感器模块

② 量程为±5 A;

③ 灵敏度典型值为 185 mV/A;

④ 待测电流为 0 时,输出电压为供电电压的一半($V_{CC}/2$);

⑤ 底部有保护板,避免短路与触电;

⑥ 待测电流接口双面布线及加散热孔,增强载流能力。

(2) 信号接口

ACS712 电流传感器模块提供标准 3pin 接口,共 3 个引脚(GND、V_{CC}、V_{OUT})。GND 为地,V_{CC} 为供电电源,V_{OUT} 为模拟电压输出。

待测电流接口:一般情况下,IP_+ 接电流流入线,IP_- 接电流流出线,即电流是从 IP_+ 流入芯片再从 IP_- 流出。待测电流方向是从模块的 IP_+ 流入,经过芯片 ACS712,然后从 IP_- 流出,此为正电流,输出电压大于供电电压的一半($V_{CC}/2$);待测电流方向是从模块的 IP_- 流入,经过芯片 ACS712,然后从 IP_+ 流出,此为负电流,输出电压小于供电电压的一半($V_{CC}/2$)。

2. 硬件连接

将 ACS712 电流传感器模块的 V_{CC} 和 GND 分别连接至 Arduino Uno 控制器的 +5 V 和 GND,以给 ACS712 电流传感器模块供电,电流传感器模块的 V_{OUT} 引脚接至 Arduino Uno 控制器模拟引脚 A0,如图 4 - 3 所示。

3. 软件编写

首先,需要测量传感器的零点输出,即 Arduino Uno 控制器通过模拟量输入端口 A0 测量 ACS712 电流传感器模块在不接入待测电流时的输出信号,

图 4 - 3　电流传感器硬件接线图

测量 1 000 次取平均值作为零点输出;之后,通过串口发送出去。零点输出测量示例程序代码清单如下:

```
1   //Demo for the zero calibration of the Current Sensor
2
3
4   //Demo Function: To get the voltage output of the ACS712
5   //when the measured current is zero.
6
7   int samplesnum = 1000;
8   float ACS712_zero_vol;
9   void setup()
10  {
11      Serial.begin(9600);
12  }
13  void loop()
14  {
15    float average = 0;
16    for (int i = 0; i < samplesnum; i ++) {
17      average +=  (float)analogRead(A0) * 5 / 1024;
18      delay(1);
19    }
20   ACS712_zero_vol = average / samplesnum;
21   Serial.println("The ACS712_ZERO_VOL is ");
22   Serial.println(ACS712_zero_vol, 3);
23   Serial.println("You should replace the macro value of ACS712_ZERO_VOL");
24   Serial.println("in the file of DetectCurrent.ino with this number.");
25   Serial.println(" ");
26   delay(1000);
27  }
```

然后,打开串口监视器查看测量结果,此数值即是待测电流为零时模块输出的电压。

最终,直流电流测量程序如下,宏语句"♯define ACS712_ZERO_VOL 2.495"为设置零点电压,其中的 2.495 需改成实际测量的零点值:

```
1   //Demo for the current measurement method of the Current Sensor
2
3
4   //Demo Function: Get the voltage output of the VOUT pin with the analog
5   //input pin of Arduino Boards and calculate the current.
6
```

```
7    # define ACS712_ZERO_VOL 2.495
8    //2.495V. Set the macro value of the voltage output
9    //of the ACS712 when the measured current is zero.
10   # define ACS712_SENSITIVITY 0.185 //0.185 mV is typical value
11   # define ADC_RESOLUTION   (float)5/1024 // 5/1024 is eaque 0.004 9 V per unit
12
13   # define ACS712_VOUT A0
14
15   int samplesnum = 1000;
16   float current;
17
18   void setup()
19   {
20     Serial.begin(9600);
21   }
22
23   void loop(){
24     float current_sum = 0;
25     for (int i = 0; i < samplesnum; i++)
26     {
27       current_sum += ((float)analogRead(ACS712_VOUT) * ADC_RESOLUTION - ACS712_
                        ZERO_VOL) / ACS712_SENSITIVITY;
28       delay(1);
29     }
30     current = current_sum / samplesnum;
31     Serial.println("The measured current is ");
32     Serial.print(current, 3);
33     Serial.println(" A");
34     delay(1000);
35   }
```

4. 实验与演示

将两根测试线分别连接至 ACS712 电流传感器模块的绿色端子接口,然后分别连接直流电源引出的电源测试线。

确保直流电源的调节旋钮均已调至为零输出,然后上电,在 Arduino IDE 中打开串口调试窗口,此时传感器为零电流时输出,如图 4-4 所示。调节直流电源旋钮让其输出 500 mA 的电流,可在串口调试窗口查看测量结果,并与直流电源上的输出显示器进行对比,如图 4-5 所示。

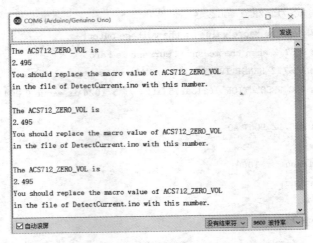

图 4 - 4 零电流输出数据

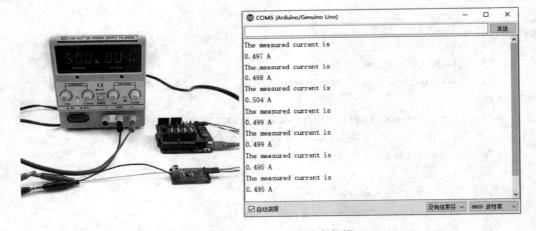

图 4 - 5 500 mA 电流输出数据

4.2 交流电测量

4.2.1 交流电压测量

1. 交流电压变送器

  交流电压变送器由电压互感器、精密整流滤波及 V/I 转换电路组成。电压互感器把高压交流电压信号转换为低压电压信号,精密整流电路把交流电压信号放大并整流为相对稳定的直流电压信号。如果要输出电流信号,则还需要利用 V/I 转换器将稳定的直流电压信号转变为恒定成比例的电流信号输出。

交流电压变送器分为单相交流电压变送器和三相交流电压变送器。单相交流电压变送器是指将被测交流电压隔离转换成按线性比例输出的单路标准直流电压或直流电流；三相交流电压变送器是指将被测三相交流电压隔离转换成按线性比例输出的三路标准直流电压或直流电流。此处，仅使用单相交流电压变送器，电压范围为 0～250 V AC。图 4-6 所示为某品牌的工业级单相电压变送器产品。

图 4-6　交流电压变送器

2. 硬件连接

　　交流电压变送器有多种供电电压、信号输入范围和信号输出形式。此处以 12 V 供电、输入电压 0～250 V AC、电压输出 0～5 V 为例。将电压变送器模块的 OUT（＋）和 GND 分别连接至 Arduino Uno 控制器的模拟引脚 A0 和 GND，见图 4-7。使用 12 V 开关电源对电压变送器进行供电。

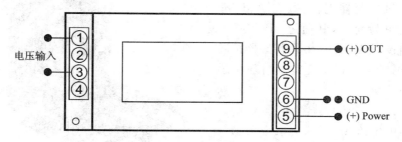

图 4-7　交流电压测量接线图

3. 软件编写

　　由于此处所选用的电压变送器的输入电压为 0～250 V AC、输出电压为 0～5 V，所以输出电压 1 V 时对应输入电压 50 V，通过 Arduino 控制器上的模拟量输入端口来读取电压变送器输出的电压信号，交流电压变送器测量示例程序代码清单如下：

```
13   void setup() {
14     Serial.begin(9600);
15   }
16
17   void loop() {
18     // read the input on analog pin 0:
19     int sensorValue = analogRead(A0);
20     //This divider module will divide the measured voltage by 5, the maximum voltage
       //it can measure is 25 V.
21     float voltage = sensorValue * (250.0 / 1023.0);
22     // print out the value you read:
23     Serial.println(voltage);
24   }
```

4.2.2 交流电流测量

与直流电流的测量方式相同,交流电流的测量是将电流转换为电压,然后再进行测量。直流电流所使用的 ACS712 电流传感器模块也可以测量交流电流,但输出信号为交流电压信号,处理起来相对比较复杂,此处选用输出直流电压信号的电流互感器来测量交流电流信号。

1. 电流互感器

此产品由一个电流感应器 TA12 - 200 构成,如图 4 - 8 所示,它可以将大的电流量转换为幅度小的电压量输出。此款产品可以应用于交流电的电流检测,最大可检测的电流为 5 A。电流传感器可应用于各种单片机控制器上,尤其在 Arduino 控制器上更为简单,其通过 3P 传感器连接线插接到 Arduino 专用传感器扩展板上,即可以非常容易地实现与环境感知相关的互动。

参数:

工作电压:5 V。

检测电流:最大 5 A。

工作频率:20 Hz~20 kHz。

数据类型:模拟量输入。

阻燃特性符合:UL94 - VO。

抗电强度:6 000 V AC/1 min。

图 4 - 8　TA12 - 200 电流感应器

用途:电器负载远距离监视;作为电控系统输入信号;缺相指示,电量计量;电机运行状态监视。

2. 硬件连接

将 TA12 - 200 电流传感器模块的 GND 连接至 Arduino Uno 控制器的 GND，电流传感器模块的 S 引脚接至 ArduinoUno 控制器模拟引脚 A0。

3. 软件编程

程序设计的主要思路：在 1 s 内连续采样若干次，获得传感器输出信号的最大值，即为测量电流峰值，然后除以 1.414 得到电流的有效值。直流电流测量示例程序代码清单如下：

```
1    # define ELECTRICITY_SENSOR A0        //连接 S 信号引脚到 A0
2    float amplitude_current;              //电流赋值为浮点型
3    float effective_value;                //有效值赋值为浮点型
4    void setup()
5    {
6      Serial.begin(9600);
7      pinMode(ELECTRICITY_SENSOR, INPUT);
8    }
9    void loop()
10   {
11     int sensor_max;
12     sensor_max = getMaxValue();
13     Serial.print("sensor_max = ");
14     Serial.println(sensor_max);
15     //the VCC on the Grove interface of the sensor is 5 V
16     amplitude_current = (float)sensor_max / 1024 * 5 / 200 * 1000000;
17     effective_value = amplitude_current / 1.414;
18     //可检测的最小电流值 = 1/1024 * 5/200 * 1000000/1.414 = 24.4(mA)
19     //Only for sinusoidal alternating current
20     Serial.println("The amplitude of the current is(in mA)");
21     Serial.println(amplitude_current, 1); //Only one number after the decimal point
22     Serial.println("The effective value of the current is(in mA)");
23     Serial.println(effective_value, 1);
24   }
25   /* Function：Sample for 1 000 ms and get the maximum value from the SIG pin */
26   int getMaxValue()
27   {
28     int sensorValue; //value read from the sensor
29     int sensorMax = 0;
30     uint32_t start_time = millis();
31     while ((millis() - start_time) < 1000) //sample for 1 000 ms
32     {
```

```
33    sensorValue = analogRead(ELECTRICITY_SENSOR);
34    if (sensorValue > sensorMax)
35    {
36        / * record the maximum sensor value * /
37        sensorMax = sensorValue;
38    }
39  }
40  return sensorMax;
41
42 }
```

4.2.3 交流电频率测量

1. 测量原理

频率是循环或周期事件的重复率。从物理上来讲,在旋转、振动、波等现象中能观察到周期。对模拟或数字波形来说,可以通过信号周期得到频率。周期越小,频率越大,反之亦然。从图4-9可看出,最上面的波形频率最低,最下面的波形频率最高。

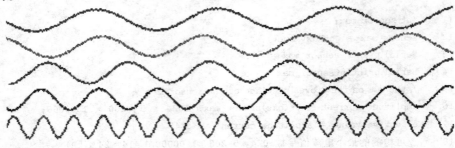

图4-9　波形图

数字频率采集过程相当简单。对低频信号来说,采用一个计数器或时基就足够了。输入信号的上升沿触发时基开始计数。因为时基的频率是已知的,输入信号的频率就可以很简单地计算出来。

直接测频法:由时基信号形成闸门,对被测信号进行计数。当闸门宽度为1 s时,可直接从计数器读出被测信号频率。计数值可能存在正、负一个脉冲的误差,故此法的绝对误差就是1 Hz(对1 s宽的闸门而言)。其相对误差则随着被测频率的升高而降低,故此法适于测高频而不适于测低频。

测周期法:如图4-10所示,由被测信号形成闸门,对时基脉冲进行计数。当闸门宽度刚好是一个被测脉冲周期时,可直接从计数器读出被测信号的周期值(以时基脉冲个数来表示)。该法的绝对误差是一个时基周期。其相对误差随着被测信号周期的增大而降低,故此法适于测低频(周期长)而不适于测高频(周期短)。

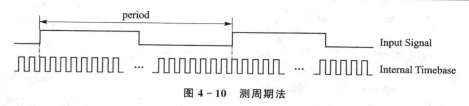

图 4 - 10 测周期法

等精度测频：如图 4 - 11 所示，设置两个同步闸门，同时对被测信号和时基脉冲进行计数。两个计数值之比即等于其频率比。如让闸门起点和终点均与被测脉冲正沿同步，则可消除被测计数器的正、负一个脉冲的误差，使其误差与被测频率无关，达到等精度测频。

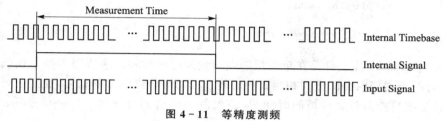

图 4 - 11 等精度测频

2. 软件编程

根据信号的频率范围，可分别采用 2 种测量方式，对应的库文件也有 2 个 FreqCount 和 FreqMeasure。FreqCount 适用的频率范围为 1 kHz 以上，FreqMeasure 适用的频率范围为 0.1 Hz～1 kHz，测量原理如图 4 - 12 所示。

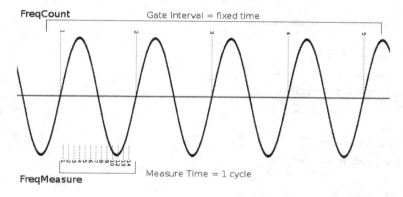

图 4 - 12 测频与测周的对比

FreqCount 库文件是在一定的门限时间内测量信号的周期数。这适用于频率相对较高的信号，因为在门限时间会测量到较多的周期数。而对较低频率的信号，却只能测量到很少的周期数，从而使得分辨率非常有限。FreqCount 库文件下载地址为 https://github.com/PaulStoffregen/FreqCount。FreqCount 示例程序代码清单如下：

```
1    # include <FreqCount.h>

2    void setup() {
3        Serial.begin(57600);
4        FreqCount.begin(1000);
5    }

6    void loop() {
7        if (FreqCount.available()) {
8        unsigned long count = FreqCount.read();
9        Serial.println(count);
10        }
11    }
```

FreqMeasure 库文件是在单个周期内测量经过的时间。这适用于频率较低的信号，因为一个周期内会测量到相当长的时间。而对于较高频率的信号，受限于处理器的时钟主频只能测量到较短的时间，从而限制了测量的分辨率。FreqMeasure 库文件下载地址为 https://github.com/PaulStoffregen/FreqMeasure。FreqMeasure 示例程序代码清单如下：

```
1    /* FreqMeasure - Example with serial output
2     http://www.pjrc.com/teensy/td_libs_FreqMeasure.html
3     This example code is in the public domain.
4    */
5    # include <FreqMeasure.h>
6
7    void setup() {
8        Serial.begin(57600);
9        FreqMeasure.begin();
10    }
11
12    double sum = 0;
13    int count = 0;
14
15    void loop() {
16        if (FreqMeasure.available()) {
17        // average several reading together
18        sum = sum + FreqMeasure.read();
19        count = count + 1;
20        if (count > 30) {
21            float frequency = FreqMeasure.countToFrequency(sum / count);
22            Serial.println(frequency);
```

```
23        sum = 0;
24        count = 0;
25     }
26   }
27 }
```

3. 实验演示

使用信号发生器来验证频率测量的准确性。信号发生器输出 455.000 2 kHz 的方波时,测量得到的频率为 455.001 kHz,如图 4 - 13 所示;信号发生器输出 327.629 6 Hz 的方波时,测量得到的频率为 327.63 Hz,如图 4 - 14 所示。

图 4 - 13　高频测量

图 4 - 14　低频测量

第 5 章
力与质量的测量与实验

本章所要讨论的是力与质量的测量。力与质量有以下关系：① 力的定义为一个物体对另一个物体的作用，重力是地球对物体吸引而产生的力，质量的测量是通过测量物体的重力实现的；② 重力与质量之间可以通过公式 $G = mg$ 实现互相转换。在生活中，工程师们也喜欢用质量的单位来描述力的大小，比如小型固体火箭发动机可以产生多少公斤的推力。由于质量也是通过测量力转换得到的，且两者有转换公式，只是单位不同，下面主要讨论质量的测量。

质量是物理学中的 7 个基本量纲之一，是物体本身的一种属性，与物体的形状、物态及其所处的空间位置无关，是物体的一个基本属性。在工业生产和日常生活中，经常需要获取物体的质量，比如使用体重秤（见图 5-1）定期称量体重，以使体重在健康的范围内，体重秤的精度约为 100 g；在超市购买散称商品时需要使用电子秤（见图 5-2）称重并计算价格，电子秤的精度约为 1 g；在高校的生化实验室进行生化试验时，需要对药物的剂量进行精确地计量，这就需要可达 0.001 g 精度的分析天平（见图 5-3），以满足高精度的称量等。除了以上的小量程的称重之外，还有大量程的称重，例如高速公路收费站（见图 5-4）对车辆进行称重计费，其原理如图 5-5 所示，通过安装在路面下的称重传感器对通行的车辆进行称重，传输给收费计算机计算出需要收取的过路费，而且可以判断车辆是否超重、超载。

图 5-1 体重秤

图 5-2 电子秤

体重秤、电子秤、分析天平和地面称重装置均需称重传感器将力或质量信号转换成电信号，然后通过电信号测量装置获取这些电信号，最后利用标定系数换算出力或质量的大小。

图 5 - 3　分析天平

图 5 - 4　高速公路收费站

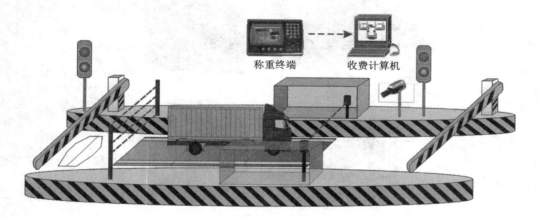

图 5 - 5　收费站称重计费原理图

5.1　称重原理与信号采集

5.1.1　应变式称重传感器介绍

　　称重传感器实际上是一种将质量信号转变为可测量的电信号输出的装置。按照转换方法的不同,称重传感器分为光电式、液压式、电磁力式、电容式、磁极变形式、振动式、陀螺仪式、电阻应变式 8 类,其中,电阻应变式的使用最为广泛,且价格低廉,精度较高,稳定性好,下面仅讨论电阻应变式称重传感器。

　　电阻应变式称重传感器的工作原理:弹性体(弹性元件,敏感梁)在外力作用下产生弹性变形,使粘贴在它表面的电阻应变片(转换元件)也随同产生变形,电阻应变片变形后,它的阻值将发生变化(增大或减小),再经相应的测量电路把电阻的变化转换为电信号(电压或电流),从而完成将外力变换为电信号的过程。由此可见,电阻应变片、弹性体和检测电路是电阻应变式称重传感器中不可缺少的组成部分,下面简述这三者的作用。

(1) 电阻应变片

如图 5-6 所示,电阻应变片是把一根电阻丝均匀地分布在一块有机材料制成的基底上,即成为一片应变片,其最重要的参数是灵敏系数 K。灵敏度系数 K 值的大小是由制作金属电阻丝材料的性质决定的一个常数,它和应变片的形状、尺寸大小无关,不同材料的 K 值一般在 $1.7 \sim 3.6$ 之间;其次 K 值是一个无因次量,即它没有量纲。

45° 应变花

图 5-6　电阻应变片的不同形式

(2) 弹性体

如图 5-7 所示,弹性体是一个有特殊形状的结构件,它有两个功能:一是它承受称重传感器所受的外力,对外力产生反作用力,达到相对静平衡;二是它要产生一个高品质的应变场(区),使粘贴在此区的电阻应变片比较理想地完成由机械形变至电信号的转换。需要说明的是,上面分析的应力状态均是"局部"情况,而应变片实际感受的是"平均"状态。

(3) 检测电路

检测电路的功能是把电阻应变片的电阻变化转变为电压输出。因为惠斯登电桥具有很多优点,如可以抑制温度变化的影响,可以抑制侧向力干扰,可以比较方便地解决称重传感器的补偿问题等,所以惠斯登电桥在称重传感器中得到了广泛的应用。因为全桥式等臂电桥的灵敏度最高,各臂参数一致,各种干扰的影响容易相互抵消,所以称重传感器均采用全桥式等臂电桥。

图 5 - 7　电阻应变式使用的弹性体

电阻应变式称重传感器采用电桥测量方式,其安装方式和电路原理如图 5 - 8 所示。图中,S1、S2、S3 和 S4 为电阻应变片,阻值均为 350 Ω。电桥工作需要外加激励电压 U,在空载时,四个电阻应变片均不受力,其阻值均为 350 Ω,此时 V1 和 V2 无电流流过,不存在电压差。

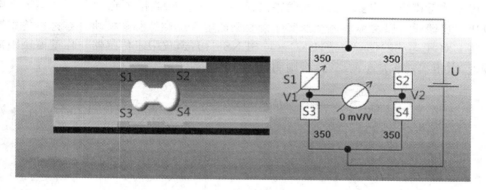

图 5 - 8　电桥测量示意图(1)

当 10 kg 量程的称重传感器上面放置 10 kg 砝码或重物时,如图 5 - 9 所示,S1 和 S4 受到拉力,其阻值增大为 350.7 Ω;S1 和 S4 受到压力,其阻值减小为 349.3 Ω。此时,电桥失去平衡,V1 点电位为 $350.7 \div 700 \times U$,即为 $0.501U$;V2 点电位为 $349.3 \div 700 \times U$,即为 $0.499U$;V1 与 V2 之间的电压差为 $0.002U$,其与激励电压 U 有关。令 $U = 1$ V,则 V1 与 V2 之间的电压差为 2 mV,则此称重传感器的灵敏度 S 为 2 mV/V。

称重传感器灵敏度的计算方法:在一定的激励电源 U_{in}(例如 5 V DC)作用下,所加的载荷达到传感器额定满量程(例如 10 kg)时,传感器输出电压变化量 U_{out}(例如 10 mV)与供电电压的比值为 $S = U_{out} \div U_{in} = 10$ mV $\div 5$ V $= 2$ mV/V。

如果一个称重传感器的灵敏度为 1 mV/V,那么在 5 V DC 激励电源作用下,传感器额定载荷输出信号应该为 $U_{out} = S \times U_{in} = 1$ mV/V $\times 5$ V $= 5$ mV。

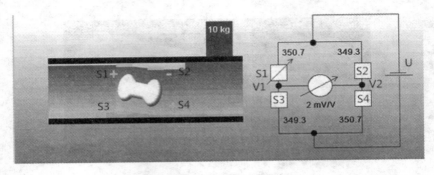

图 5 - 9　电桥测量示意图(2)

　　称重传感器的出线方式有四线和六线两种,如图 5 - 10 所示。一般的称重传感器都是六线制的,当接成四线制时,激励电源线(EXC－,EXC＋)与反馈线(SEN－,SEN＋)就需要分别短接。SEN＋和 SEN－是补偿线路电阻用的,SEN＋和 EXC＋是通路的,SEN－和 EXC－是通路的。EXC＋和 EXC－是给称重传感器供电的,但是由于称重模块和传感器之间的线路损耗,实际上传感器接收到的电压会小于供电电压。反馈线可以将称重传感器实际接收到的电压反馈给称重模块。在称重传感器上将 EXC＋与 SENS＋短接,EXC－与 SENS－短接,仅限于传感器与称重模块距离较近,电压损耗非常小的场合,否则测量存在误差。

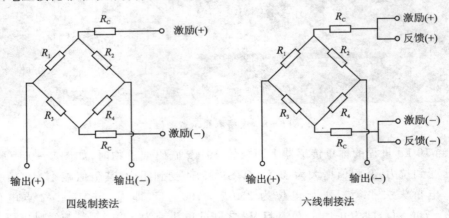

图 5 - 10　称重传感器接线方式

5.1.2　利用 HX711 与 Arduino 实现力的测量

1. HX711 介绍

　　HX711 是一款专为高精度称重传感器而设计的 24 位 A/D 转换器芯片。与同类型其他芯片相比,该芯片集成了包括稳压电源、片内时钟振荡器等其他同类型芯片所需要的外围电路,具有集成度高、响应速度快、抗干扰性强等优点。

HX711 降低了电子秤的整机成本,提高了整机的性能和可靠性。该芯片与后端 MCU 芯片的接口和编程都非常简单,所有控制信号由引脚驱动,无需对芯片内部的寄存器编程。输入选择开关可任意选取通道 A 或通道 B,与其内部的低噪声可编程放大器相连。

通道 A 的可编程增益为 128 或 64,对应的满额度差分输入信号幅值分别为 ± 20 mV 或 ± 40 mV。通道 B 的增益为固定的 32,用于系统参数检测。芯片内提供的稳压电源可以直接向外部传感器和芯片内的 A/D 转换器提供电源,系统板上无需另外的模拟电源。芯片内的时钟振荡器不需要任何外接器件。HX711 称重模块如图 5-11 所示。

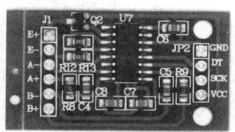

图 5-11　HX711 称重模块

通道 A 模拟差分输入可直接与桥式传感器的差分输出相接。由于桥式传感器输出的信号较小,为了充分利用 A/D 转换器的输入动态范围,该通道的可编程增益较大,为 128 或 64 倍。这些增益所对应的满量程差分输入电压分别 ± 20 mV 或 ± 40 mV。通道 B 的增益为固定的 32 倍,所对应的满量程差分输入电压为 ± 40 mV。通道 B 应用于包括电池在内的系统参数检测。图 5-12 所示为基于 HX711 的电子秤方案示意图,图中表示出了四线制传感器与 HX711 的连接方式。

以上介绍了称重传感器原理和 HX711 称重模块,要使用 Arduino 控制 HX711 称重模块来获取称重传感器输出的电压信号并转换为质量数据可以使用 HX711 称重模块的 Arduino 库文件,其下载地址为 https://github.com/aguegu/Arduino/tree/master/libraries,库文件里面包含以下函数:

① HX711(byte sck,byte dout,byte amp=128,double co=1):定义 sck、dout 引脚,设置增益倍数(默认 128)和修正系数(默认 1)。

HX711 hx(9,10);//只定义 SCK 和 DOUT 引脚,AMP 默认使用 A 通道的 128 位增益,修正系数默认为 1。

HX711 hx(9,10,64); //定义 SCK 和 DOUT 引脚,AMP 使用 A 通道的 64 增益,修正系数默认为 1。

HX711 hx(9,10,32,1.4); //定义 SCK 和 DOUT 引脚,AMP 使用 B 通道的 32 位增益,修正系数为 1.4。

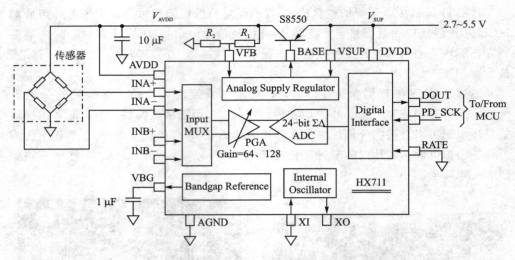

图 5-12　基于 HX711 的电子秤方案示意图

② set_amp(byte amp)：设置增益倍数和对应的通道，至少调用一次 read() 后起作用。

有关通道和增益倍数的选择，A 通道只有 128 和 64 位两种增益倍数，对应满量程电压为 20 mV 和 40 mV，B 通道只有固定的 32 位增益倍数，满载电压为 80 mV，使用时各个通道输入电压不要超过对应增益倍数的满量程电压。

在程序中，使用 set_amp(amp) 函数可以随时切换增益倍数和读取的通道，而且 amp 的值只能是 128、64 或 32。如果增益倍数选择 32 位，则读出的数据就是 B 通道的。

③ is_ready()：判断 hx711 是否可用，返回 bool 值，在 read() 函数中会被调用。

④ read()：输出传感器电压值，返回值为传感器的电压值。如果 hx711 不可用，则程序会暂停在此函数。

⑤ bias_read()：输出带有偏移量的传感器电压值，返回值为（read()－偏移值）×修正系数，用于电子秤的去皮功能。

⑥ tare(int t = 10)：将皮重添加到偏移值。无返回值，影响每次 read() 的调用。

⑦ set_co(double co = 1)：修改修正系数（默认为 1），无返回值。

⑧ set_offset(long offset = 0)：修改偏移值（默认为 0），无返回值。

2. 硬件连接

实验所使用的称重传感器及 HX711 称重模块如图 5-13 所示，称重平台如图 5-14 所示。

将 HX711 模块的 V_{CC}、GND、SCK 和 DOUT 分别接至 Arduino Uno 控制器的 5 V、GND、D2 和 D3；并将 HX711 模块的 E_+、E_-、A_+ 和 A_- 分别接称重传感器的激

励电压的正、负、输出电压的正、负（E$_+$ 接红线，E$_-$ 接黑线，A$_+$ 接绿线，A$_-$ 接白线）；最后将 HX711 模块的 B$_+$ 和 B$_-$ 接 GND。HX711 称重模块、称重传感器和 Arduino Uno 控制器的接线图如图 5-15 所示。

图 5-13　称重传感器及 HX711 称重模块

图 5-14　实验用称重平台

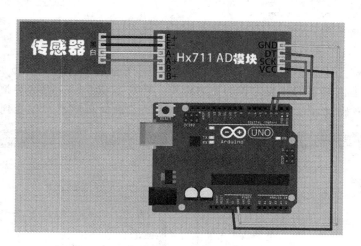

图 5-15　称重装置接线图

为了减少干扰信号，HX711 高精度 A/D 模块与电阻式称重传感器之间的连接线应尽量短，过长的话会受到各种干扰，HX711 高精度 A/D 模块与 Arduino Uno 控制器之间的连接线也应该尽量短。若一定需要延长线，则最好使用带电磁屏蔽的电缆线。

另外，还需要查看具体传感器的灵敏度，以计算满量程电压和增益倍数。满量程电压的计算公式为：满量程输出电压＝激励电压×灵敏度。以灵敏度 1.0 mV/V 为例，假设供电电压为 5 V，则满量程电压为 5 mV。通过实际测量，HX711 高精度 A/D 模块输出的供电电压为 4 V 左右，则传感器满量程电压为 4 mV。由于 HX711

高精度 A/D 模块增益倍数为 128 或 64 对应的满量程差分输入电压分别为 ±20 mV 或 ±40 mV,为了获得更高的精度,则选择增益倍数为 128 倍。

hx711 采集示例程序代码清单为一个测试程序,测量称重传感器的输出信号并通过串口输出。代码清单如下:

```
1    # include <HX711.h>
2    HX711 hx(2, 3, 128, 1); // SCK - D2,DOUT - D3,A 通道,128 倍增益,修正系数为 1;
3    double sum = 0;
4    void setup()
5    {
6      Serial.begin(9600);
7    }
8    void loop()
9    {
10     for (int i = 0; i < 10; i++)
11     {
12       sum += hx.read();
13     }
14     Serial.println(sum / 10, 2);
15     sum = 0;
16   }
```

当如图 5-14 所示的亚克力托盘空载时,串口输出数据如图 5-16 所示,此时传感器只受到上面放置的亚克力板的重力作用。当在如图 5-14 所示的亚克力托盘上放置 100 g 砝码时,串口输出数据如图 5-17 所示,此时传感器不仅受到上面放置的

图 5-16　空载时串口输出的数据

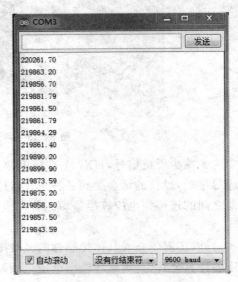

图 5-17　加载 100 g 时串口输出的数据

亚克力托盘重力的作用,还受到 100 g 砝码重力的作用。由此可知,100 g 砝码放置前、后的数据差值即对应于 100 g 砝码,这样就可以就算出修正系数,也就是电压与质量之间的系数。取空载数据为 157 279.09,100 g 加载数据为 219 863.20,则修正系数为 100÷(219 863.20－157 279.09)≈0.001 597 8,然后将上述程序中的修正系数改为 0.001 597 8。

由于在称重传感器上面安装了亚克力托盘,用于盛放被测物体,所以传感器不会处于空载时的状态,其输出的电压也不为零,因而需要去除亚克力托盘引入的负载。首先要减去空载时输出的数据,此处取 157 279.09。最终修改后的净重测量示例程序代码清单如下,具有上电之后自动去除亚克力托盘质量的功能:

```
1    # include <HX711.h>
2    HX711 hx(2, 3, 128, 0.0015978); // SCK－D2,DOUT－D3,A 通道,128 倍增益,修正系数为
                                      // 0.0015978
3    double sum = 0;
4    void setup()
5    {
6        hx.set_offset(157279.09);
7        Serial.begin(9600);
8    }
9    void loop()
10   {
11       for (int i = 0; i < 10; i++)
12       {
13           sum += hx.bias_read();
14       }
15       Serial.println(sum / 10, 2);
16       sum = 0;
17   }
```

将修改后的程序下载到 Arduino 控制器内之后,空载时串口输出的数据、加载 100 g 时串口输出的数据以及加载 200 g 时串口输出的数据分别如图 5－18、图 5－19 和图 5－20 所示。从数据中可以发现,输出的数据比真实的数据偏小约 0.7 g,在程序中将得到的数据增加 0.7 g,进行零点补偿。补偿后的空载数据和加载 100 g 时的数据分别如图 5－21 和图 5－22 所示。

图 5－18　空载时输出的数据

图 5 - 19　100 g 时输出的数据

图 5 - 20　200 g 时输出的数据

图 5 - 21　补偿后空载时输出的数据

图 5 - 22　补偿后加载 100 g 时输出的数据

5.1.3　液晶显示功能

上述电子称重装置仅仅是通过串口输出的质量,因为没有可视界面显示当前的质量,所以不能单独工作。下面增加一个液晶显示屏,以用作电子称重显示。此处使用 LCD Keypad Shield 来显示当前的质量,搭建的平台如图 5 - 23 所示,此时需将 HX711 模块的 V_{CC}、GND、SCK 和 DOUT 分别接至 LCD Keypad Shield 的 5 V、GND、A1 和 A2。LCD Keypad Shield 的连接引脚分别为液晶模块的 RS、E、D4、D5、D6 和 D7,分别对应于 Arduino 控制器的 D8、D9、D4、D5、D6 和 D7。

在净重测量示例程序代码的基础之上,增加液晶显示功能,修改后的带液晶显示的称重示例程序代码清单如下:

```
1    # include <HX711.h>
2    # include <LiquidCrystal.h>
```

图 5 - 23　可视化称重装置

```
3    HX711 hx(A1, A2, 128, 0.0015978); // SCK - A1,DOUT - A2,A 通道,128 倍增益,修正系
                                       // 数为 0.0015978
4    LiquidCrystal lcd(8, 9, 4, 5, 6, 7);//RS - D8,E - D9,D4 - D4,D5 - D5,D6 - D6,D7 - D7
5    double sum = 0;
6    void setup()
7    {
8      hx.set_offset(157279.09);
9      lcd.begin(16, 2);
10     lcd.print("hello, world!");
11   }
12   void loop()
13   {
14     for (int i = 0; i < 10; i++)
15     {
16       sum += hx.bias_read();
17     }
18     lcd.setCursor(0, 1);
19     lcd.print("weight = ");
20     lcd.print("g   ");
21     lcd.print(sum / 10);
22     sum = 0;
23   }
```

然后,将 100 g 的标准砝码放置在亚克力托盘上之后,液晶屏显示 100.01 g,如图 5 - 24 所示。

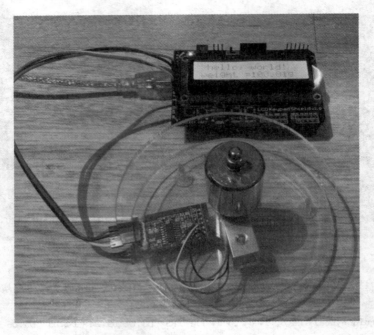

图 5 – 24　液晶屏显示 100.01 g

5.2　采集高速信号

　　前面介绍了如何使用 Arduino 控制器和 HX711 称重模块以及电阻应变式称重传感器实现对质量的测量，实现一个简易电子称重装置。下面介绍将电阻应变式传感器应用于力的测量时，如何高速地采集力变化的信号。前面提到的 HX711 称重模块的最大刷新频率只有 100 Hz，已经可以满足普通的电子称重应用了，但是对于很多快速变化的系统而言，采样频率仍然较低，在较短的时间内难以捕捉到足量的数据，只有拥有充足的数据样本以后方可对系统进行全面的分析。

　　实现了对力的变化信号的高速采集之后，即可满足对快速变化的系统实现测量，例如小型火箭发动机的推力、压力实现中的推力信号的采集。国内的火箭爱好者不断增多，较多的爱好者自己研制推进剂和设计发动机本体。为了真实地测量出发动机和推进剂的性能，需要进行推力、压力试验。推力压力试验是火箭发动机最基本的也是最重要的试验，它是通过点燃在试验台上的发动机来测定发动机燃烧室内燃气的最大推力和最大压力以及推力和压力随时间变化的规律的，这对研究发动机的内弹道性能、推进剂的燃烧状况和火箭外弹道飞行特性都是必不可少的。微小型固体火箭发动机工作时间一般在几秒以内，这就需要高速采集装置来对电阻应变式传感器的输出信号进行采集。

5.2.1　USB – 6009 采集卡

下面介绍如何使用 LabVIEW 软件和 USB – 6009 数据采集卡来实现高速采集的装置。可能有人会疑问为什么不能使用 Arduino 控制器和 LabVIEW 软件通过 LabVIEW Interface for Arduino 来对传感器输出的电压信号进行采集呢？这是因为 Arduino 控制器的 ADC 的位数为 10 位，如果使用默认 5 V 参考电压，则可采集的最小电压约为 4.88 mV，若使用 mega 系列内部 1.1 V 的基准电压，则最小可采集的电压约为 1 mV。当电阻应变式传感器的灵敏度约为 2 mV/V，激励电压为 5 V 时，满量程输出电压为 10 mV，很明显 Arduino 不能满足测量精度的要求。USB – 6009 数据采集装置的模拟输入分辨率为 14 位（差分输入模式），最大采样率 48 kS/s，且 ADC 前端内置 PGA（可编程增益放大器），当配置为差分测量模式时，可为输入端提供 1、2、4、5、8、10、16 或 20 倍增益选择，且 PGA 增益是根据测量应用选择的电压量程自动换算出的。也就是说，差分输入时的量程为 ±20 V、±10 V、±5 V、±4 V、±2.5 V、±2 V、±1.25 V、±1 V，最小可采集的电压约为 0.12 mV。

USB – 6009 是 NI（美国国家仪器）公司的低成本 USB 接口便携式数据采集（DAQ）设备，为简单的数据记录、便携式测量和院校实验室实验等应用提供基本的数据采集功能。该产品成本较低，适于学生购买和使用，且其强大的功能足以应对更为复杂的测量应用。用户可以下载 NI – DAQmx 驱动软件并使用 LabVIEW 对 USB – 6009 进行编程，可非常方便地实现数据采集任务，以便进行下一步的数据分析与处理。LabVIEW 软件与 USB – 6009 数据采集卡如图 5 – 25 所示，USB – 6009 数据采集卡实物图如图 5 – 26 所示。

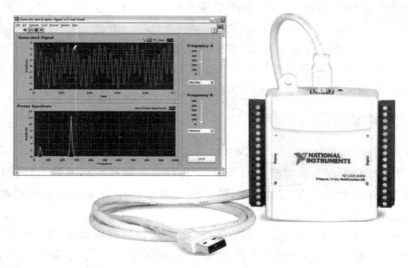

图 5 – 25　LabVIEW 软件与 USB – 6009 数据采集卡

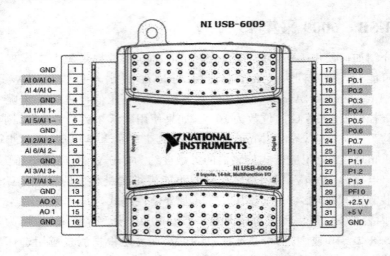

图 5 - 26 USB - 6009 数据采集卡接口图

5.2.2 硬件连接

图 5 - 26 为 USB - 6009 数据采集卡接口图,其拥有 8 路单端或 4 路差分模拟输入,2 路模拟电压输出,12 路数字量输入/输出,并且带有＋5 V 和＋2.5 V 电源。USB - 6009 采集装置的＋5 V、GND 和 AI0/AI0＋、AI4/AI0－ 分别接电阻应变式力传感器的激励电压的正、负和输出电压的正、负(＋5 V 接红线;GND 接黑线;AI0/AI0＋ 接绿线;AI4/AI0－ 接白线)。由于传感器的输出电压与激励电压有关,还需要使用另一个差分输入通道来采集实际的激励电压,将＋5 V 和 GND 连接到 AI1/AI1＋、AI5/AI1－ 上。

连接好电阻应变式传感器和 USB - 6009 数据采集卡之后,使用 USB 方口连接线将 USB - 6009 数据采集卡和计算机 USB 端口连接起来,通过计算机 USB 端口对 USB - 6009 数据采集卡进行供电和传输数据。

5.2.3 软件编写

连接好硬件之后,通过 LabVIEW 软件,实现数据采集、处理与显示。打开 Lab-VIEW 软件,在前面板上放置波形图并修改"属性",将横坐标标签改为"时间/T",时间长度为 10 s,纵坐标改为"电压/V",最小值与最大值分别为 0 和 5,高速测量装置前面板如图 5 - 27 所示。

下面切换至程序框图中,鼠标右击弹出"函数选板",在函数选板上选择 Express→输入→DAQ 助手,如图 5 - 28 所示,将其放置在程序框图上,即会弹出 DAQ 助手配置界面,如图 5 - 29 所示,然后对其依次进行相应的配置。首先,单击"采集信号"前面的"＋",并单击"模拟电压"前面的"＋",选择"电压"信号,如图 5 - 30 所示,电阻

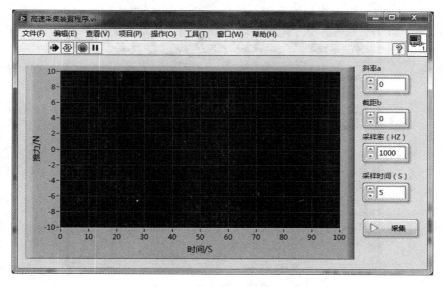

图 5 - 27　高速测量装置前面板

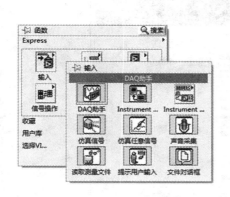

图 5 - 28　选择并放置 DAQ 助手

图 5 - 29　DAQ 助手配置界面

应变式传感器输出的为模拟电压信号。然后,单击"下一步"按钮,弹出如图 5 - 31 所示的界面,选择 Dev1(USB - 6009)的物理通道 ai0,电阻应变式传感器连接的是 AI0 差分输入端。最后,单击"完成"按钮,弹出图 5 - 32 所示的界面,将信号输入范围的最大值与最小值分别修改为 -1 V 和 1 V,电阻应变式传感器的输出电压信号在 ±1 V 范围内;接线端配置依然为差分输入模式,采样率(Hz)和待读取采样保持为 1 k,参数修改后的界面如图 5 - 33 所示。

除了要采集传感器的输出电压外,还要采集传感器的激励电压,步骤和参数可参考以上配置方法,只是将物理通道改为 ai1,信号输入范围的最大值与最小值分别修

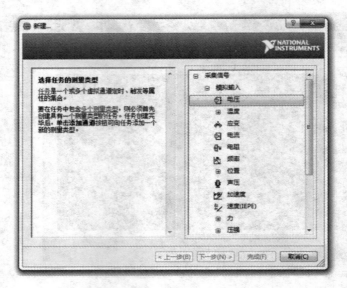

图 5 - 30　采集信号配置界面

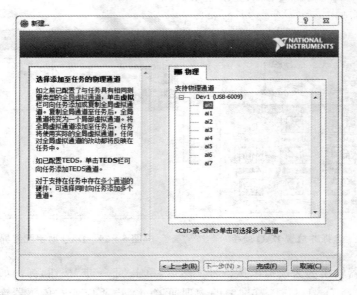

图 5 - 31　物理通道配置界面

改为 0 V 和 5 V,其余参数不变。

　　实现了电阻应变式传感器的信号电压和激励电压的采集之后,需要将信号电压除以激励电压以得到信号比率,从而防止激励电压不稳定带来的测量误差。另外,还需要使用标准砝码标定传感器以得到标定系数(线性拟合,斜率 a 和截距 b),实现信号比率与力之间的转换,即可计算得到推力,最终的程序框图如图 5 - 34 所示。

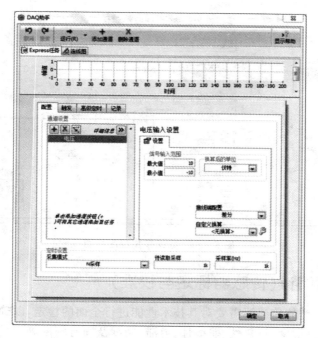

图 5 – 32　DAQ 参数默认界面

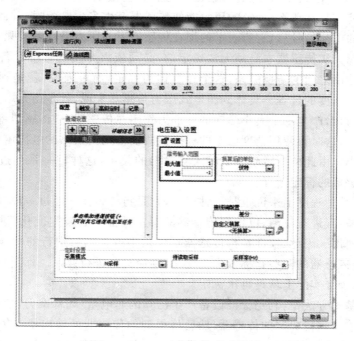

图 5 – 33　DAQ 参数修改后界面

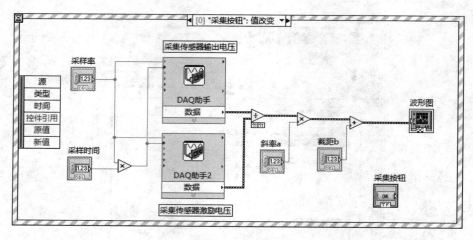

图 5-34　数据采集程序框图

5.2.4　进阶阅读(传感器标定与校准)

新研制或生产的传感器需要对其技术性能进行全面的检定,以确定其基本的静、动态特性,包括灵敏度、重复性、非线性、迟滞、精度及固有频率等。

例如,一个压电式压力传感器,它在受力后将输出电荷信号,即压力信号经传感器转换为电荷信号。那么,一定的压力能使传感器产生多少电荷呢?换句话说,测出了一定大小的电荷信号后,它所表示的加在传感器上的压力又是多大呢?

这个问题只靠传感器本身是无法确定的,必须依靠专用的标准设备来确定传感器的输入与输出之间的转换关系,这个过程称为标定,简单地说,就是利用标准器具对传感器进行标度的过程。具体到压电式压力传感器来说,就是用专用的标定设备,如活塞式压力计,产生一个大小已知的标准力作用在传感器上,传感器将输出一个相应的电荷信号,这时再使用精度已知的标准检测设备测量输出的电荷信号,即得到电荷信号的大小。由此便可得到一组输入与输出的关系,这样的一系列过程就是对压电式压力传感器的标定过程。

校准,在某种程度上来说也是一种标定,它是指传感器在经过一段时间的存储或使用后,需要对其进行复测,以检测传感器的基本性能是否发生变化,进而判断它是否可以继续使用。因此,校准是指传感器在使用中或存储后进行的性能复测。在校准过程中,若传感器的某些指标发生了变化,则应对其进行修正。标定与校准在本质上是相同的,校准实际上就是再次标定。

标定的基本方法是,利用标准设备产生已知的非电量(如标准力、位移、压力等),作为输入量输入到待标定的传感器,然后将得到的传感器的输出量与输入的标准量作比较,从而得到一系列的标定数据或曲线。例如,上述的压电式压力传感器,利用标准设备产生已知大小的标准压力,输入传感器后,得到相应的输出信号,这样就可以得到其标定曲线,根据标定曲线确定拟合直线,可作为测量的依据。

有时,输入的标准量是由标准传感器检测而得到的,这时的标定实质上是待标定传感器与标准传感器之间的比较。输入量发生器产生的输入信号同时作用在标准传感器和待标定传感器上,根据标准传感器的输出信号可确定输入信号的大小,再测出待标定传感器的输出信号,就可得到其标定曲线。

本文讨论的电阻应变式称重传感器的标定,则需要给传感器加载相应的载荷,并测量传感器输出的电压值,记录在表 5 - 1 中,然后,依据最小二乘法拟合出标定曲线。图 5 - 35 所示为电阻应变式传感器的标定曲线,曲线上的黑点即为测量数据。对于六线制的传感器还需要测量激励电压,将传感器的输出电压和激励电压相除得到电压比率,用电压比率和加载载荷进行拟合,得到标定曲线。

表 5 - 1　标定数据表

载荷/g	0	500	1 000	1 500	2 000	2 500	3 000	3 500	4 000
电压/mV									

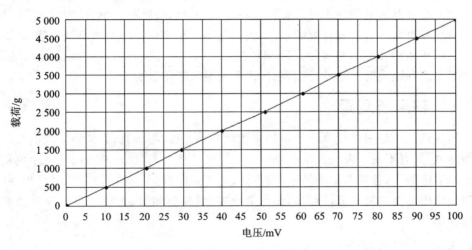

图 5 - 35　标定曲线

第 **6** 章

运动的测量与实验

本章主要讲解与运动相关的测量方式及有关实验,详细讲解超声波测距、红外测距以及转速的测量方法,并拓展直流电机的转速控制实验。

6.1　测量距离

长度即为两点之间的距离,它也是七个国际单位制基本量之一。人与动物的区别就是人类会制造和使用工具,随着人类社会的发展,长度的测量方法和工具也在不断地发展和更新。凭借着特有的智慧,人类发明了很多精密的距离测量传感器,下面将详细讲解两种常用的非接触式距离传感器——超声波和红外线,并使用 Arduino 控制器来实现距离的测量及补偿,制作出非接触式测距装置。

6.1.1　超声波测距

超声波测距是一种传统而实用的非接触测距方法,与激光、涡流和无线电测距方法相比,它具有不受外界光及电磁场等因素影响的优点,在比较恶劣的环境中也具有一定的适应能力,且具有结构简单、成本低、易于定向发射、方向性好、强度易控制、与被测量物体不直接接触等优点,因此在工业控制、建筑测量、机器人定位等方面有广泛的应用。

1. 超声波测距简介

超声波是指频率超过 20 kHz 的声波,它属于机械波,传播的是机械能量,仅能在介质中传播。与它相关的三个主要物理量是频率 f、声速 c 和波长 λ。

超声波测距的原理如图 6-1 所示。超声波在空气中的传播速度为已知量,测量声波在发射之后遇到障碍物反射回来的时间,根据发射和接收之间的时间差来计算发射点到障碍物的实际距离。从超声波发射器发出的超声波,经气体(假设传播介质为气体)介质的传播,遇到障碍物之后反射的超声波被超声波接收器所接收。将超声波发射与接收之间的时间与气体介质中的声速相乘,就是声波传输的距离,声波传输距离的一半便是所测距离。

超声波具有以下四个重要的应用特性:

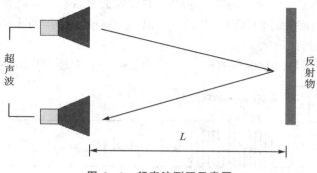

图 6 - 1　超声波测距示意图

① 超声波具有良好的方向性。以传感器轴线为中心的圆锥范围内定义波束角，频率越高，波束角越小，方向性越强，从而可以传输得更远。

② 反射性。在超声波传播过程中，遇到两种介质形成的界面，若介质间具有足够的特性阻抗差（0.1%），而界面又大于超声波的波长，就会发生反射。

③ 声衰减。在超声波传播过程中，由于晶体结构的介面、分子间摩擦力等因素，造成能量分散、声能转变成热能而消失的现象。这个特性是影响超声波测量精度的一个关键因素，由超声波测量原理可知，超声波换能器需要接收发射微波的回波信号，衰减不但阻碍了测量量程的扩大，而且对接收电路设计的要求提高了。

④ 超声波不可听。避免了噪声，并且频率较高，因此不会对身体产生共振等危害。

2. HC - SR04 简介与编程

HC - SR04 超声波测距模块可提供 2～400 cm 的非接触式距离感测功能，测距精度可达 3 mm；模块包括超声波发射器、接收器与控制电路。HC - SR04 实物图如图 6 - 2 所示。

图 6 - 2　HC - SR04 超声波传感器

HC - SR04 超声波测距模块的时序图如图 6 - 3 所示，基本工作过程如下：

① 采用 I/O 口 TRIG 触发测距，给最少 10 μs 的高电平信号；

② 模块自动发送 8 个 40 kHz 的方波,自动检测是否有信号返回;

③ 有信号返回,通过 I/O 口 ECHO 输出一个高电平,高电平持续的时间就是超声波从发射到返回的时间。

超声波测距模块测量得到的距离＝[高电平时间×声速(340 m/s)]/2。

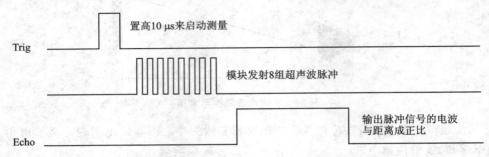

图 6 - 3 HC - SR04 超声波传感器时序图

使用 Arduino 与 HC - SR04 超声波传感器实现测距的步骤如下:

① Arduino 数字量端口给 HC - SR04 的 Trig 引脚至少 10 μs 的高电平信号,触发 HC - SR04 模块测距功能。

② HC - SR04 模块被触发后,便会自动发送 8 个 40 kHz 的超声波脉冲,并自动检测是否有信号返回。

③ 如有信号返回,Echo 引脚会输出高电平,高电平持续的时间就是超声波从发射到返回的时间。此时,能使用 pulseIn() 函数获取到测距的结果,并计算出距被测物的实际距离。

使用 Arduino 与 HC - SR04 超声波传感器实现测距的典型代码如下:

```
digitalWrite(TrigPin, LOW);
delayMicroseconds(2);
digitalWrite(TrigPin, HIGH);//发送 10 μs 的高电平触发信号
delayMicroseconds(10);
digitalWrite(TrigPin, LOW);
distance = pulseIn(EchoPin, HIGH)/29.15/2; // 脉冲宽度即为超声波往返时间
//声音在空气的传播速度约为 340 m/s,即 0.034 3 cm/μs。为了计算方便,将乘以 0.034 3 变
//换为除以 29.15
```

3. 简易超声波测距仪

(1) 硬件连接

首先,将 HC - SR04 超声波模块的 V_{cc}、GND、Trig、Echo 分别连接到 Arduino Uno 控制板的＋5 V、GND、数字量端口 D2 和 D3 上。超声波测距系统硬件连接示意图如图 6 - 4 所示。

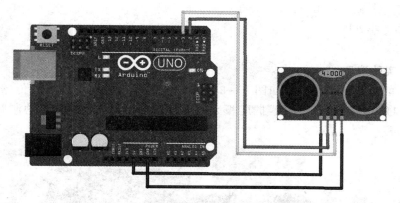

图6-4　简易超声波测距系统硬件连接示意图

(2) 程序设计

程序设计的基本思路：首先，Arduino 控制器输出 10 μs 的触发信号；然后，使用脉冲宽度测量函数 pulseIn()测量 HC-SR04 传感器输出的时间信号，乘以超声波传播速度，计算得到测量的距离并通过串口输出。简易超声波传感器实现测距代码清单如下：

```
1    const int TrigPin = 2;
2    const int EchoPin = 3; //设定 SR04 连接的 Arduino 引脚
3    float distance;
4    void setup() {
5        //初始化串口通信及连接 SR04 的引脚
6        Serial.begin(9600);
7        pinMode(TrigPin, OUTPUT);
8        //要检测引脚上输入的脉冲宽度,需要先设置为输入状态
9        pinMode(EchoPin, INPUT);
10       Serial.println("Ultrasonic sensor:");
11   }
12   void loop() {
13       //产生一个 10 μs 的高脉冲去触发 TrigPin
14       digitalWrite(TrigPin, LOW);
15       delayMicroseconds(2);
16       digitalWrite(TrigPin, HIGH);
17       delayMicroseconds(10);
18       digitalWrite(TrigPin, LOW);
19       //检测脉冲宽度,并计算出距离
20       distance = pulseIn(EchoPin, HIGH) / 58.00;   //此处的 58 为 29.15/2 的简化
21       Serial.print(distance);
22       Serial.print("cm");
```

```
23    Serial.println();
24    delay(1000);
25  }
```

(3) 实验演示

实际的实验硬件连接图如图 6 - 5 所示,使用 HC - SR04 超声波传感器模块、Arduino Uno 控制器及传感器扩展板来搭建实验平台,串口接收到的测距数据如图 6 - 6 所示。

图 6 - 5 实验硬件连接图

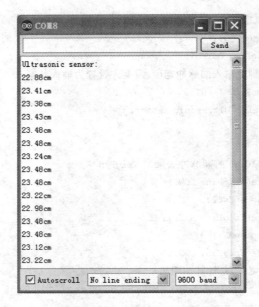

图 6 - 6 串口接收的测距数据

6.1.2 具有温度补偿的超声波测距仪

1. 误差分析

超声波测距公式为 $L=C×T$，式中 L 为测量的距离长度；C 为超声波在空气中的传播速度；T 为测量距离传播的时间差（发射时间到接收时间之差的一半）。由此可知，超声波测距的误差是由超声波在空气中传播速度的误差和测量距离传播的时间误差引起的。

（1）时间误差

在保证超声波传播速度准确的前提下，测量距离的误差来源于超声波传播时间的误差，只要误差达到微秒级，就能保证测距误差小于 1 mm。而传播时间的误差主要来源于单片机对超声波发射与接收之间的定时误差或集成式超声波传感器输出的脉冲宽度的误差和单片机对脉冲宽度的测量误差。由于本教程采用的是成品超声波传感器，且 Arduino 控制器的脉冲宽度测量函数 pulseIn() 的测量单位为微秒，其测量精度约为 5 μs，所以这将会导致超声波传播时间的测量存在一定的误差，此处暂且不讨论时间误差的修正方法。

（2）超声波传播速度误差

超声波的传播速度受空气密度的影响，空气密度越高，超声波传播速度越快。而空气的密度又与温度有着密切的关系，若对超声波测距精度有较高的要求，则有必要把超声波在空气中传播时的环境温度也考虑进去。例如，当温度为 0 ℃ 时超声波速度是 332 m/s，当温度为 30 ℃ 时超声波速度是 350 m/s，可见这 30 ℃ 的温度变化引起的超声波速度变化为 18 m/s。这样的话，超声波在 30 ℃ 的环境下，以 0 ℃ 的声速来计算 100 m 距离所引起的测量误差将达到 5 m，测量 1 m 距离的误差将达到 5 mm。

2. 具体实现

（1）硬件连接

首先，将 HC-SR04 超声波模块的 V_{CC}、GND、Trig、Echo 分别连接到 Arduino Uno 控制板的 +5 V、GND、数字量端口 D2 和 D3 上；然后，将 DS18B20 温度传感器 V_{CC}、GND、DQ 分别连接至 Arduino Uno 控制板的 3.3 V、GND 和数字量端口 D4 上，且在 DQ 与 3.3 V 之间连接一个 4.7 kΩ 的上拉电阻。超声波测距系统硬件连接示意图如图 6-7 所示。

（2）程序设计

程序设计的基本思路：首先，Arduino 控制器通过单总线从温度传感器 DS18B20 上获取当前的空气温度并串口输出；然后，输出 10 μs 的触发信号，使用脉冲宽度测量函数 pulseIn() 测量 HC-SR04 传感器输出的时间信号，乘以经过温度补偿的超声波传播速度，计算得到测量的距离并通过串口输出。具有温度补偿的超声波传感器实现测距代码清单如下：

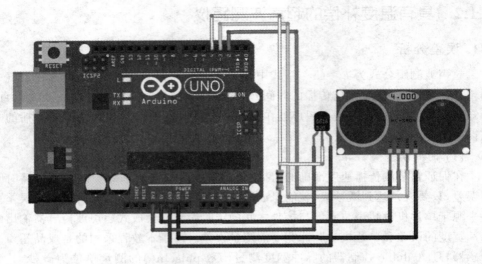

图 6-7　具有温度补偿的超声波测距仪硬件连接图

```
1    # include <OneWire.h>
2    # include <DallasTemperature.h>
3    //设定 SR04 连接的 Arduino 引脚
4    const int TrigPin = 2;
5    const int EchoPin = 3;
6    float distance;
7    float temperature_value;
8    # define ONE_WIRE_BUS 4
9    OneWire oneWire(ONE_WIRE_BUS);
10   DallasTemperature sensors(&oneWire);
11   void setup() {    //初始化串口通信及连接 SR04 的引脚
12     Serial.begin(9600);
13     pinMode(TrigPin, OUTPUT);
14     //要检测引脚上输入的脉冲宽度,需要先设置为输入状态
15     pinMode(EchoPin, INPUT);
16     sensors.begin();
17   }
18   void loop() {
19     //产生一个 10 μs 的高脉冲去触发 TrigPin
20     sensors.requestTemperatures();
21     temperature_value = sensors.getTempCByIndex(0);
22     Serial.print("temperature = ");
```

```
23    Serial.print(temperature_value);
24    Serial.print("C ");
25    digitalWrite(TrigPin, LOW);
26    delayMicroseconds(2);
27    digitalWrite(TrigPin, HIGH);
28    delayMicroseconds(10);
29    digitalWrite(TrigPin, LOW);
30    //检测脉冲宽度,并计算出距离
31    distance = pulseIn(EchoPin, HIGH) * (331.4 + 0.6 * temperature_value) / 2;
32    Serial.print("distance = ");
33    Serial.print(distance);
34    Serial.print("cm");
35    Serial.println();
36    delay(1000);
37  }
```

(3) 实验演示

实际的实验硬件连接图如图 6 - 8 所示。使用 HC - SR04 超声波传感器模块、DS18B20 传感器模块、Arduino Uno 控制器及传感器扩展板来搭建实验平台,串口接收到的温度数据和距离数据如图 6 - 9 所示。

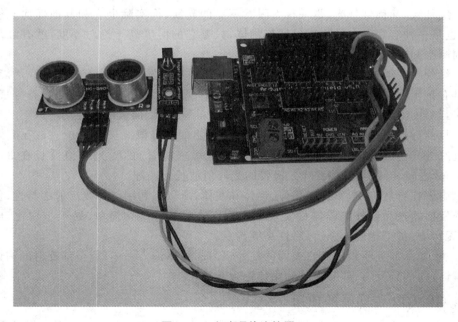

图 6 - 8　实验硬件连接图

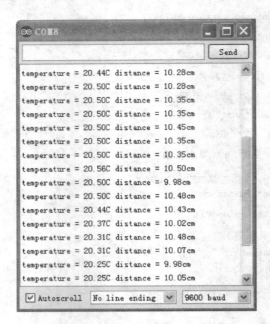

图 6 - 9 串口接收的测距数据

6.1.3 红外线测距

红外线,又称红外光,是一种人眼看不见的光线,但实际上它和其他任何光线一样,也是一种客观存在的物质。任何物体,只要它的湿度高于绝对零度,就有红外线向周围空间辐射。

红外线在通过云雾等充满悬浮离子的物质时不易发生散射,有较强的穿透能力,还具有抗干扰能力强、易于产生、对环境影响小、不会干扰邻近的无线电设备等特点,同时,红外光具有反射、折射、散射、干涉、吸收等特性,因而被广泛应用。

目前,红外发射器件(红外发光二极管)发出的是峰值波长在 830~950 nm 之间的近红外光。红外接收器件(光敏二极管、光敏三极管)的受光峰值波长在 830~950 nm 之间,恰好与红外发光二极管的光峰值波长相匹配。

由于在自然界中,不存在黑体、镜体和灰体,所以可利用红外线反射的特性,使用红外发射器件和红外接收器件实现红外测距。它具有结构简单、易于小型化、成本低、无污染、抗干扰能力强、可靠性高等特点。

注:能全部吸收投射到它表面的红外辐射的物体称为黑体;能全部反射的物体称为镜体;能部分反射、部分吸收的物体称为灰体。

1. GP2D12 传感器的使用

GP2D12 是 SHARP 公司生产的一种新型的红外测距传感器。其工作电压为4~5.5 V,输出为模拟电压,探测距离为 10~80 cm,最大允许角度大于 40°,刷新频率为 25 Hz(40 ms),模拟电压输出噪声小于 200 mV,标准电流消耗为 33~50 mA。

GP2D12 传感器测距的原理如图 6 - 10 所示。从红外线发射器以一定的角度 α 发射出高频调制的红外线,当红外线遇到障碍物时便反射出反射光线,反射光线经过滤镜折射到焦距为 f 的 CCD 检测器上,通过在 CCD 检测器上的折射线与中心线之间的偏移值 L 和红外发射器与 CCD 检测器之间的距离 X,以及红外线发射的角度 α,便可计算出障碍物到传感器的距离 D。

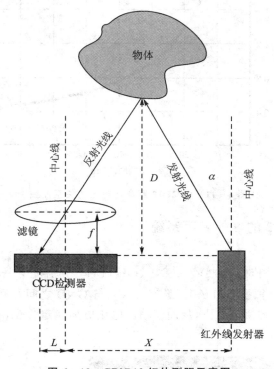

图 6 - 10　GP2D12 红外测距示意图

从 GP2D12 手册可知,GP2D12 的输出电压为 0.4~2.4 V,对应 80~10 cm 的距离,输出电压与距离的关系成反比,且为非线性关系,如图 6 - 11 所示。

由图 6 - 11 所示关系曲线可以看出,距离为 10 cm 时传感器输出 2.55 V 电压,距离为 80 cm 时传感器输出 0.42 V 电压,可以通过该曲线拟合得出传感器输出电压值与距离值之间的数学关系式,但是这个关系式里的距离是参考距离值,实际距离值为(参考距离值 -0.42) cm。另外,基于 AVR 单片机的 Arduino 控制器具有 10 位模/数转换器,数字量的范围是 0~1 023,对应的电压范围是 0~5 V,因而每一位数据代表 0.004 9 V,于是读取的有效数据应该为 86(0.42 V)~520(2.548 V)。所以,最终可以推导出实际距离与采样数据之间的关系式为:

实际距离 = 2 547.8/[(float)采样数据 × 0.49 - 10.41] - 0.42,　　单位为 cm

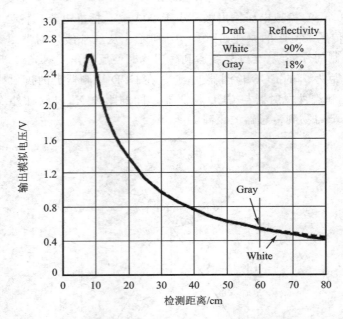

图 6 - 11   GP2D12 距离与电压的关系曲线

2. 基于 GP2D12 的红外测距系统

(1) 硬件连接

将 GP2D12 红外传感器的 V_{CC}、GND、OUTPUT 分别接至 Arduino Uno 控制板上的 +5 V、GND、模拟量端口 A0。最好在 V_{CC} 与 GND 之间并联 100 μF 的电解电容，以稳定 GP2D12 的供电电压，从而使输出电压更加稳定。Arduino 部分的硬件连接如图 6 - 12 所示。

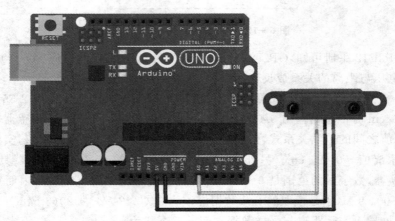

图 6 - 12   红外测距系统硬件连接图

（2）程序设计

程序设计的基本思路：首先 Arduino 控制器通过模拟量输入端口获取 GP2D12 传感器输出的模拟电压；然后通过拟合公式计算出对应的厘米级的距离，并通过串口输出。基于 GP2D12 的红外测距系统代码清单如下：

```
1    int i;
2    float val;
3    void setup() {
4      Serial.begin(9600);
5    }
6    void loop() {
7      i = analogRead(A0);
8      val = 2547.8 / ((float)i * 0.49 - 10.41) - 0.42;
9      Serial.println(val, 2);
10   }
```

（3）实验演示

实际的实验硬件连接图如图 6 - 13 所示，使用传感器支架、GP2D12 传感器模块和 OCROBOT 出品的 Arduino MEGA 2560 兼容控制器来搭建实验平台，串口接收到的测距数据如图 6 - 14 所示。

图 6 - 13　实验硬件连接图

图 6 – 14   串口接收的测距数据

6.2   转速测量及其实现

6.2.1   测量转速的方法

测量转速方法有 3 种:测频法(M 法)、测周法(T 法)及混合法(M/T 法)。

测频法是在一定时间内,通过测量旋转引起的单位时间内的脉冲数,实现对旋转轴转速测量的一种方法,适用于高、中转速的测量。该法本质上属于定时测角法,为提高测量的准确度,有时采用多标记或开齿的方法,其不确定度主要取决于对时间的测量和计数量化。

测周法是在转速脉冲的间隔内,用时钟脉冲来测量转速的一种方法,适合于低转速测量。该法实际上就是定角测量法,即用时标填充的方法来测量相当于某一旋转角度的时间间隔。在高、中转速时,可采用多周期平均来提高测量准确度,其不确定度主要取决于对时间的测量、计数量化及触发的不确定度。

混合法是在测频法的基础上,吸取测周法的优点汇集而成的一种转速测量方法。它是在转速传感器输出脉冲启动定时脉冲的同时,计取传感器输出脉冲个数和时钟脉冲个数,而当到达测量时间时,先停止对传感器输出脉冲的计数,在下一个定时脉冲启动之前再停止时钟脉冲的计数。因此,该种方法可在较宽的范围内使用。

此处选择测频法来测量转速。其工作原理为:当被测信号在特定时间段 T 内的周期个数为 N 时,被测信号的频率 $f = N/T$。

6.2.2　精确定时的实现

1. TimerOne 定时器库下载及使用方法

TimerOne 定时器库使用 AVR 单片机内部的定时器 1 实现定时中断的功能,其下载地址为 https://code.google.com/p/arduino-timerone/,只需要更改几个参数即可使用定时器中断来实现周期性执行的任务。需要注意的是,如果使用了 TimerOne 定时器库,就不能在相应的引脚输出 PWM 电压,Uno 上的定时器与 PWM 引脚的关系如表 6-1 所列。

表 6-1　定时器与 PWM 引脚的关系

定时器	OC0A	OC0B	OC1A	OC1B	OC2A	OC2B
PWM 引脚	6	5	9	10	11	3

TimerOne 定时器库函数库中自带的 ISRBlink 程序代码清单如下,可以实现 13 号引脚上 LED 的 5 Hz 频率的闪烁:

```
1    # include <TimerOne.h>
2    void setup() {
3        pinMode(13, OUTPUT);
4        Timer1.initialize(100000); //设置定时器中断时间,基本单位为微秒,如设置为
                                     //100 000,则定时时间为 0.1 s,频率为 10 Hz
5        Timer1.attachInterrupt( timerIsr ); //设置用户自定义的定时器中断服务函数,每
                                             //发生一次定时器中断,均会执行一次定时器
                                             //中断服务函数
6    }
7    void loop() {
8        //主函数,用于执行非周期性任务
9    }
10   /* 用户自定义的定时器中断服务函数 */
11   void timerIsr() {
12       //反转 I/O 口电平
13       digitalWrite( 13, digitalRead( 13 ) ^ 1);
14   }
```

2. 评估定时时间的准确性

仅凭眼睛不能判断定时时间是否准确,下面设计一个实验来评估定时时间的准确性。将上面示例代码中的 Timer1.initialize(100 000) 更改为 Timer1.initialize(1 000),digitalWrite(13, digitalRead(13)^1) 更改为 digitalWrite(2, digitalRead(2)^1),通过反转 I/O 的电平实现数字端口 2 输出 500 Hz 的近似方波。

同时,使用 NI USB - 6009 便携式数据采集卡和 LabVIEW 2012 软件实现一个简易的模拟量采集器,将 Arduino 控制器上的数字端口 2 和 GND 分别与 NI USB - 6009 便携式数据采集卡上的 AI0/AI0₊ 和 AI4/AI0₋ 相连接,Arduino Uno 控制器与 USB - 6009 便携式数据采集卡的连接图如图 6 - 15 所示。然后使用 10 kS/s 的采样率,5 s 的采样时间的参数采集 Arduino 控制器上的数字端口 2 输出的方波信号,取其前 20 ms 的波形如图 6 - 16 所示。通过波形频率分析工具测量得到其频率为 499.901 Hz。

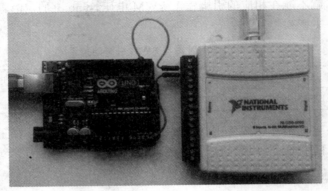

图 6 - 15   NI USB - 6009 与 Arduino 连接示意图

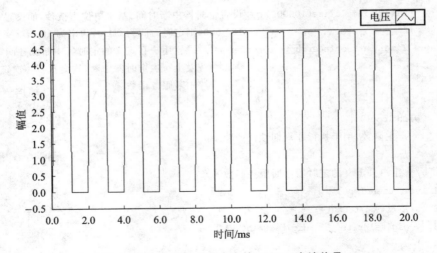

图 6 - 16   定时器中断产生的 500 Hz 方波信号

另外,再将定时时间设置为 100 μs、50 μs 和 25 μs,并使用 NI USB - 6009 便携式数据采集卡和 LabVIEW 2012 软件以 45 kS/s 的采样率和 2 s 的采样时间分别采集数字端口 2 输出的波形数据并进行频率分析,得到的频率分别为 4 999.01 Hz、9 998.03 Hz 和 19 996 Hz。从以上数据对比分析可知,定时器的定时时间非常准确,频率测量误差主要来自于 I/O 反转操作延时。

最后,测试 OCROBOT MEGA 2560 控制器、Arduino Uno 控制器山寨版输出的 500 Hz 的方波信号频率,分别为 500.435 Hz 和 499.764 Hz。

6.2.3　转速测量程序设计

利用 TimerOne 定时器库来实现定时,通过外部中断对电机编码器输出的脉冲进行计数,将计数值除以定时时间即为一定时间内的转速。实现 1 s 内转速测量的程序代码清单如下:

```
1    # include <TimerOne.h>
2    long counter_val[2] = {0, 0}; //定义数组,用于存放外部中断计数值
3    byte CurCnt = 0;              //定义当前计数器标志,用于判断当前正在计数的数组
4    int j = 0;                    //定义定时器中断标志,用于判断是否发生中断
5    void setup() {
6      delay(2000);
7      Serial.begin(115200);       //初始化波特率为 115 200
8      attachInterrupt(0, counter, RISING);   //设置中断方式为上升沿
9      Timer1.initialize(1000000); //设置定时器中断时间,单位微秒,此处为 1 s
10     Timer1.attachInterrupt( timerIsr );    //打开定时器中断
11     interrupts();               //打开外部中断
12   }
13   void loop(){
14     long lTemp = 0;             //定义临时存储数据变量
15     if (j == 1)                 //判断是否发生定时器中断,即定时时间是否到达
16     {
17       j = 0;                    //清除定时器中断标志位
18       if ((CurCnt & 0x01) == 0) //当前使用的是偶数计数器,则上次频率值存放在第
                                    //二个元素中
19       {
20         lTemp = counter_val[1];//读取数组第二个元素中的数值
21         counter_val[1] = 0;    //读完清除原来的数值,以便下次使用
22       }
23       else  //当前使用的是奇数计数器,则上次频率值存放在第一个元素中
24       {
25         lTemp = counter_val[0];//读取数组第二个元素中的数值
26         counter_val[0] = 0;    //读完清除原来的数值,以便下次使用
27       }
28       Serial.print("S");        //发送帧头大写 S
29       Serial.print( lTemp);     //发送频率数据,并回车换行
30     }
31   }
32   //外部中断处理函数
```

```
33   void counter()
34   {
35       //通过当前计数器来实现对外部中断计数值存储的切换
36       counter_val[CurCnt & 0x01] += 1;   //发生一次中断则加 1
37   }
38   //定时器中断处理函数
39   void timerIsr()
40   {
41       j = 1;                         //置位定时器中断标志位
42       CurCnt ++ ;                    //当前计数器的值加 1,实现另一个计数值切换
43   }
```

6.2.4 验证频率测量的准确性

前面提到了 Arduino 模拟量输出（PWM）的频率约为 490 Hz,且转速测量采用的是测频法,此时正好用来验证一下程序设计的正确性。在上面的转速测量程序中的 void setup()里面 delay(2000)之前增加用于产生方波的模拟量输出函数,模拟量输出程序代码清单如下:

```
1   pinMode(3,OUTPUT);
2   analogWrite(3,127);
```

串口输出的频率测量结果如图 6-17 所示。

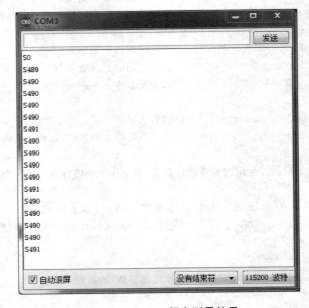

图 6-17 PWM 频率测量结果

在图6-17所示的PWM频率测量结果中,除去前两个,可以发现频率值稳定在490 Hz和491 Hz上,且4个490 Hz之后出现一个491 Hz,基本可以认为是490 Hz。

　　为了进一步地确认PWM的频率为490 Hz,以验证频率测量的准确性,还可利用NI USB-6009便携式数据采集卡和LabVIEW 2012软件构建一个简易的模拟量采集器,使用10 kS/s的采样率,5 s的采样时间的参数采集PWM的占空比分别为10/255、127/255和245/255时的波形图,取波形图的前0.01 s,如图6-18、图6-19和图6-20所示,在0.01 s内约有5个周期,同时使用频率分析工具对占空比为127/255的波形数据进行分析,得到其频率为490.099 Hz的结果。

　　通过对基于Arduino与TimerOne定时器库的频率测量以及基于LabVIEW和数据采集卡的数据对比与分析,得出频率测量的结果非常准确。

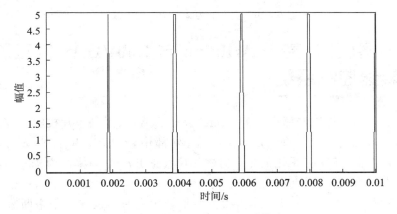

图6-18　占空比为10/255时的波形

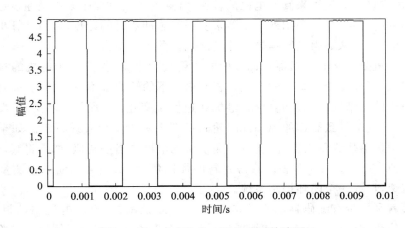

图6-19　占空比为127/255时的波形

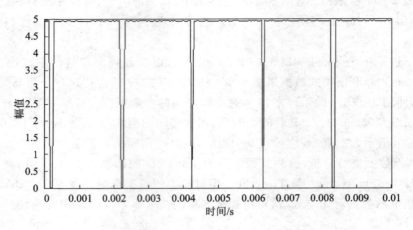

图 6 - 20   占空比为 245/255 时的波形

6.3 拓展项目：基于 Arduino 与 LabVIEW 的直流电机转速控制系统

多数 Arduino 控制器都是基于 Atmel 公司的 AVR 系列单片机的，AVR 单片机的片内资源非常丰富，具有 ADC、定时器、外部中断、SPI、IIC、PWM 等功能，且 Arduino 控制器的 PWM 采用的是定时器相位修正 PWM（频率约为 490 Hz）和快速 PWM（频率约为 980 Hz，Uno 的引脚 5、6 和 Leonardo 的引脚 3、11），这也就导致了全部的定时器都被占用了，从而不能很方便地使用定时器设置一个中断来实现一个周期的任务，而一般需要通过读取系统已运行时间来判断是否已经达到定时时间。例如，通过增量式编码器来测量电机的转速，常规的单片机程序架构是通过定时器来实现精确的时间定时，并利用外部中断来实现对脉冲数目的计数，然后计算出一定时间内脉冲的数目，从而得到转速数值并输出的。

直流电机是 Arduino 机器人制作中的主要动力来源，但是由于电机的参数一致性有所差别，即使是相同型号的电机在相同电压下的转速都不完全相同，而且在带负载或负载不同的情况下，更加会导致电机转速发生变化，又因为开环控制，没有任何反馈信号，这就会导致制作的 Arduino 轮式机器人不能实现直线行走。如果给直流电机加上编码器作为反馈器件，就可以测量得到电机的当前转速；如果将其与设定值计算出差值，并通过 PID 算法计算得到新的控制信号，从而可以动态地测量和控制电机的转速，形成一个闭环控制系统。

下面就利用带有编码器的直流电机、Arduino 控制器、直流电机驱动板和 Lab-VIEW 上位机软件以实验探索的形式来设计一个直流电机转速比例控制实验。

6.3.1　搭建测量转速的平台

在验证了基于 Arduino 与 TimerOne 定时器库的频率测量的准确性之后,就可以着手搭建一个直流电机转速测量系统。

1. 硬件平台

直流电机转速测量系统的直流电机和编码器有两者分离式的,可使用联轴器将两者连接起来;也有带有编码器的,此处为了简化设计,直接选用带有编码器的直流电机。JGB37 - 371 - 12V - 228RPM 带有编码器的直流减速电机如图 6 - 21 所示。其额定电压为 12 V,额定空载转速为 228 r/min,其编码器为 334 线增量式光电编码器,其接口有 6 根数据线,其中黄色和橙色是电机电源,绿色和白色是 A、B 相脉冲输出,红色和黑色是编码器的电源端和接地端。

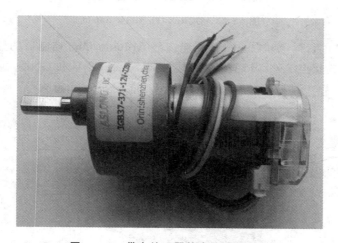

图 6 - 21　带有编码器的直流减速电机

OCROBOT Motor Shield 是基于 Arduino Motor Shield 设计的增强版本的电机驱动器,如图 6 - 22 所示。电机驱动器采用独立供电、GND 分离技术,且与 Arduino 控制器之间采用光耦隔离,这充分保证了 Arduino 控制器在大负载、大功率、急刹车、瞬时正反转等恶劣电磁环境下的稳定性。需要注意的是:Arduino 控制器与电机驱动器应使用两块电池或者两个独立的电源供电,以保证电机驱动板与 Arduino 控制板电源完全独立,从而保证其电气隔离性。OCROBOT Motor Shield 的 I/O 口的控制功能如表 6 - 2 所列,使用电机时还会接驳其他设备,因此应避免占用这些 I/O 口。

搭建的直流电机转速测量系统如图 6 - 23 所示。OCROBOT Motor Shield 直接堆叠在 Arduino Uno 控制器上,OCROBOT Motor Shield 采用 7.4 V 的锂电池供电,Arduino Uno 控制器使用方口 USB 线连接至计算机上,提供电源且可以方便地通过串口上传数据至计算机。电机的黄色和橙色线连接至 OCROBOT Motor

图 6－22　**OCROBOT Motor Shield**

Shield 电机接口 A,绿色和白色线分别连接至 Arduino Uno 控制器的数字端口 2、3,红色和黑色线连接至 Arduino Uno 控制器的电源端口 5 V 和 GND。

表 6－2　**OCROBOT Motor Shield** 的控制引脚

功　能	电机 A	电机 B
方向	引脚 D12	引脚 D13
速度(PWM)	引脚 D3	引脚 D11
制动(刹车)	引脚 D9	引脚 D8

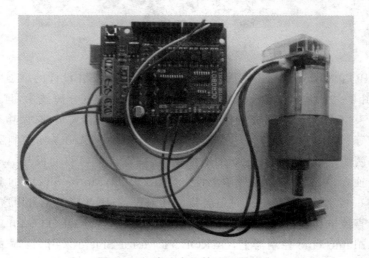

图 6－23　直流电机转速测量系统

2. 软件设计

由于 JGB37 - 371 - 12V - 228RPM 直流减速电机的编码器输出 A、B 相脉冲,为了充分利用两相脉冲以提高测量准确性,在转速测量程序代码清单中的 attachInterrupt(0, counter, RISING)之后增加如下外部中断程序的代码,将 B 相脉冲输出也用来计数,以实现 2 倍频测量。JGB37 - 371 - 12V - 228RPM 直流减速电机的编码器为 334 线增量式光电编码器,也就是说,电机旋转一圈输出 334 个脉冲,2 倍频之后即为 668 个脉冲。

增加外部中断程序的代码如下:

```
attachInterrupt(1, counter, RISING);//设置编码器 B 相位上升沿中断
```

修改完编码器部分,需要增加电机驱动部分的代码,以实现驱动直流电机旋转。由于硬件上将直流电机的电源线接在 L298P 的 A 端口,其控制信号为引脚 3、9 和 12,分别为 PWM 信号、制动信号和方向信号。需要在 void setup()中的 delay(2000)之后增加电机驱动模块配置程序代码,当 PWM 值为 80 时,串口输出的转速如图 6 - 24 所示,且当 PWM 低于 80 时,减速电机输出轴不转动;将 PWM 设置为 255 时,串口输出的转速数据如图 6 - 25 所示。

图 6 - 24　PWM 为 80 时的转速数据

电机驱动模块配置程序如下:

```
1    pinMode(12,OUTPUT);
2    pinMode(3,OUTPUT);
3    pinMode(9,OUTPUT);        //启用电机 A 的三个引脚,全部设置为输出状态
4    digitalWrite(9, LOW);     //松开电机 A 的制动
```

图 6 – 25　PWM 为 255 时的转速数据

```
5   digitalWrite(12, HIGH);    //设置方向为正向
6   analogWrite(3,80);         //设置 PWM 值
```

6.3.2　转速的比例控制

1. PID 控制方法

PID 控制器(比例–积分–微分控制器),由比例单元 P、积分单元 I 和微分单元 D 组成。通过 K_p、K_i 和 K_d 三个参数的设定来实现对某个变量的实时控制,主要适用于基本上线性,且动态特性不随时间变化的系统。

PID 控制器是一个在工业控制应用中常见的反馈控制方法控制器,其原理如图 6 – 26 所示。它将采集的数据和设定的参考值进行比较,然后将这个差值通过 PID 三个模块计算出新的控制值用于执行,计算差值的目的是让系统的数据达到或者保持在设定的参考值上。PID 控制器可以根据历史数据和差别的出现率来调整输入值,使系统更加准确而稳定。

2. 转速比例控制的程序设计

实现了电机转速的测量,就要对电机转速进行比例控制了。为了提高控制系统的响应速度,将转速测量程序中的定时时间更改为 10 ms,也就是转速的采样频率为 100 Hz,且由图 6 – 24 和图 6 – 25 可知,电机减速前的 1 s 转速在 4 500～12 650 之间,也即 10 ms 的转速在 45～127 之间。此处将转速设置为 100,比例系数设置为 3。转速比例控制程序如下:

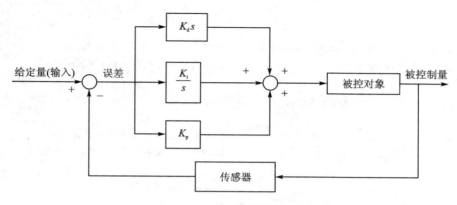

图 6 - 26　PID 控制基本原理

```
1    # include <TimerOne.h>
2    # define Kp 3
3    # define set_point 100
4    long counter_val[2] = {0, 0};
5    byte CurCnt = 0;
6    int j = 0;
7    int output_value = 0;
8    void setup()
9    {
10     delay(2000);
11     pinMode(12, OUTPUT);
12     pinMode(3, OUTPUT);
13     pinMode(9, OUTPUT);                //启用电机 A 的 3 个引脚,全部设置为输出状态
14     digitalWrite(9, LOW);              //松开电机 A 的制动
15     digitalWrite(12, HIGH);            //设置方向为正向旋转
16     Serial.begin(115200);             //初始化波特率为 115 200
17     attachInterrupt(0, counter, RISING);   //设置编码器 A 相位上升沿中断
18     attachInterrupt(1, counter, RISING);   //设置编码器 B 相位上升沿中断
19     Timer1.initialize(10000);         //设置定时器中断时间,单位为微秒
20     Timer1.attachInterrupt( timerIsr );    //打开定时器中断
21     interrupts();                     //打开外部中断
22   }
23   void loop()
24   {
25     long lTemp = 0;                   //定义临时存储数据变量
26     if (j == 1)                       //判断是否发生定时器中断,即定时时间是否到达
27     {
28       j = 0;                          //清除定时器中断标志位
29       if ((CurCnt & 0x01) == 0)       //当前使用的是偶数计数器,则上次频率值存放在
```

//第二个元素中

```
30        {
31          lTemp = counter_val[1];      //读取数组第二个元素中的数值
32          counter_val[1] = 0;          //读完清除原来的数值,以便下次使用
33        }
34      else   //当前使用的是奇数计数器,则上次频率值存放在第一个元素中
35        {
36          lTemp = counter_val[0];      //读取数组第二个元素中的数值
37          counter_val[0] = 0;          //读完清除原来的数值,以便下次使用
38        }
39      Serial.print("A");               //发送转速帧头大写 A
40      Serial.print( lTemp);            //发送转速数据
41      output_value = ( set_point - lTemp) * Kp + output_value;
                                         //比例计算得到控制量
42      if (output_value > 255)          //限制 PWM 在 0~255 范围内
43        output_value = 255;
44      if (output_value < 0)            //限制 PWM 在 0~255 范围内
45        output_value = 0;
46      analogWrite(3, output_value);    //将计算得到的控制量输出
47      Serial.print("B");               //发送 PWM 帧头大写 B
48      Serial.println(output_value);    //发送 PWM 数据
49    }
50  }
51  //外部中断处理函数
52  void counter()
53  {
54      counter_val[CurCnt & 0x01] += 1;     //每一个中断加 1
55  }
56  //定时器中断处理函数
57  void timerIsr()
58  {
59      j = 1;                           //定时时间达到标志
60      CurCnt ++ ;                      //切换计数数组
61  }
```

通过串口输出的电机实际转速与 PWM 值的数据如图 6 - 27 和图 6 - 28 所示。其中图 6 - 27 为系统刚启动时,可以看出电机逐渐上升,达到 128 之后逐渐降至 100 以下,这属于系统初期的振荡;图 6 - 28 是系统运行一段时间之后的转速和 PWM 数据,转速稳定在 100±2,PWM 稳定在 145 左右。

图 6 - 27 和图 6 - 28 中的串口输出数据看起来没有图形那么直观,为此使用 LabVIEW 2012 和 VISA 5.3 编写一个转速显示程序。前面板如图 6 - 29 所示,程序

框图如图 6-30 所示,其中的数据解析子程序 VI 的框图如图 6-31 所示,其功能是解析出串口数据中的转速值和 PWM 值。

图 6-27　PWM 为 80 时的转速数据

图 6-28　PWM 为 255 时的转速数据

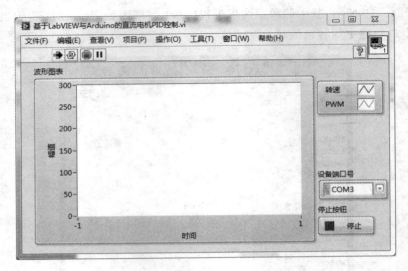

图 6 - 29　LabVIEW 上位机前面板

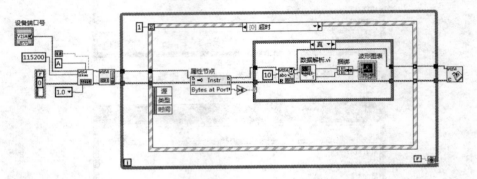

图 6 - 30　LabVIEW 上位机程序框图

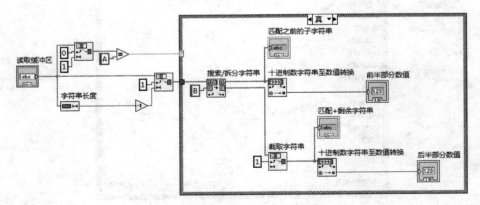

图 6 - 31　数据解析程序框图

除了上位机显示程序之外,还需要对转速的比例控制程序进行部分修改,具体如下:

将

```
Serial.print( lTemp);    //发送转速数据
```

修改为

```
if((lTemp/100) == 0)
    {
        Serial.print( 0);
        if((lTemp % 100/10) ==  0)
            Serial.print( 0);
    }
Serial.print( lTemp);
```

将

```
Serial.println(output_value);//发送 PWM 数据
```

修改为

```
if((output_value /100) == 0)
    {
        Serial.print( 0);
        if((output_value % 100/10) ==  0)
            Serial.print( 0);
    }
Serial.print(output_value);
```

在 LabVIEW 上位机软件上选择 Arduino Uno 控制器对应的串口号,即可将电机的转速和 PWM 值实时地显示在 LabVIEW 前面板上,如图 6 - 32 所示。

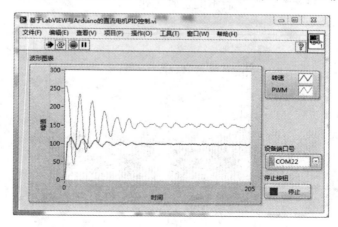

图 6 - 32　转速和 PWM 显示在 LabVIEW 上位机上

6.3.3　比例参数的整定及采样时间设置

搭建 LabVIEW 上位机软件的目的是通过图形化的显示方式,观察转速和 PWM 的曲线来判断比例系数的设置值是否合适,同时借助 LabVIEW 上位机软件也可以较方便地实现 PID 控制参数的整定。下面在转速采样频率为 100 Hz 的情况下,将多次调整比例系数以获取其转速和 PWM 曲线,并对其进行分析,寻找到合适的比例系数,这也是一个探索的实验过程。

图 6-33 所示为 $K_p = 3$ 时的转速和 PWM 波形图。从图中可以看出,系统前期的振荡较大,在 800 ms 内经过 7 次振荡以后逐渐趋于稳定,且稳定之后的 PWM 波形变化较大,说明 K_p 的取值略过大,使得系统对转速偏差过于敏感。

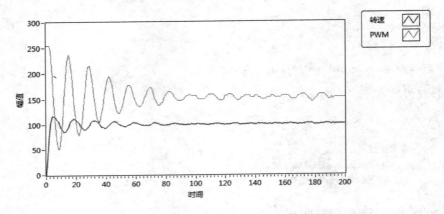

图 6-33　$K_p = 3$ 时的转速和 PWM 波形图

图 6-34 所示为 $K_p = 4$ 时的转速和 PWM 波形图。从图中可以看出,由于 K_p 的取值过大,直接导致系统振荡而不能正常工作。

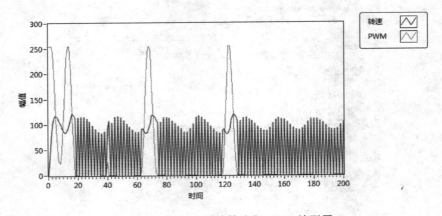

图 6-34　$K_p = 4$ 时的转速和 PWM 波形图

图 6-35 所示为 $K_p=2$ 时的转速和 PWM 波形图。从图中可以看出,系统前期的振荡幅度较大,次数较多,PWM 在 600 ms 内经过 4 次振荡以后逐渐趋于稳定,且 PWM 波动较小,转速在 30 ms 时达到最大值,并在 400 ms 内经过 3 次振荡之后趋于稳定。

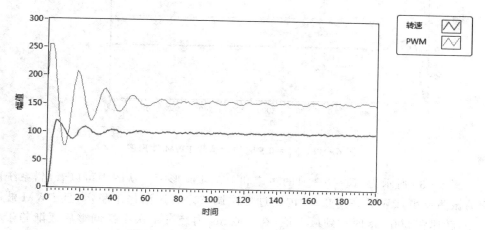

图 6-35 $K_p=2$ 时的转速和 PWM 波形图

图 6-36 所示为 $K_p=1$ 时的转速和 PWM 波形图。从图中可以看出,系统前期的振荡较小,PWM 在 400 ms 内经过 2 次振荡之后逐渐趋于稳定,且 PWM 波动很小,转速在 30 ms 时达到最大值,并在 400 ms 内经过 2 次小幅振荡后逐渐趋于稳定。

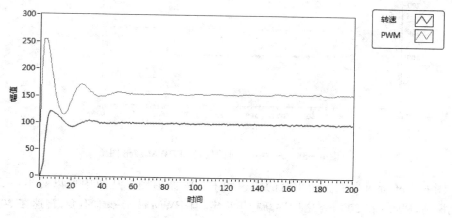

图 6-36 $K_p=1$ 时的转速和 PWM 波形图

图 6-37 所示为 $K_p=0.5$ 时的转速和 PWM 波形图。从图中可以看出,系统前期的振荡较小,PWM 在 400 ms 内经过 1 次调整之后逐渐趋于稳定,且 PWM 波动很小,转速在 50 ms 时达到最大值,并在 400 ms 内经过 1 次小幅调整后逐渐趋于稳定。转速的上升速度略微有点慢。

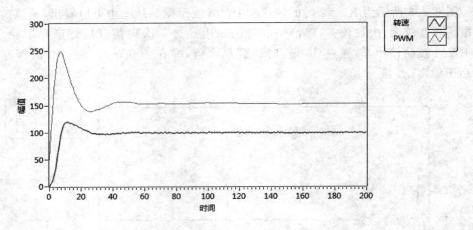

图 6 - 37　K_p＝0.5 时的转速和 PWM 波形图

　　图 6 - 38 所示为 K_p＝0.3 时的转速和 PWM 波形图。从图中可以看出,系统前期的振荡较小,PWM 在 400 ms 内经过 1 次调整之后逐渐趋于稳定,且 PWM 波动很小,转速在 200 ms 时达到最大值,在 400 ms 内经过 1 次小幅调整后逐渐趋于稳定。系统的超调量较小,且转速的上升速度较慢,起始的响应较差。

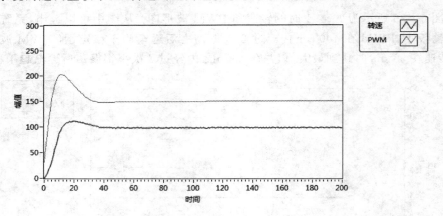

图 6 - 38　K_p＝0.3 时的转速和 PWM 波形图

　　图 6 - 39 所示为 K_p＝0.1 时的转速和 PWM 波形图。从图中可以看出,系统基本无振荡,PWM 在 200 ms 之后逐渐趋于稳定,且 PWM 波形基本不变,转速在 300 ms 之后逐渐趋于稳定。系统的超调量非常小,且转速的上升速度非常慢,起始的响应非常差。

　　综合图 6 - 33～图 6 - 39 所示的波形图,根据图 6 - 40 所示控制系统效果评判,得出比例系数在 0.5～1 之间比较合适,有较快的上升速度,超调量适当,稳定性较高。

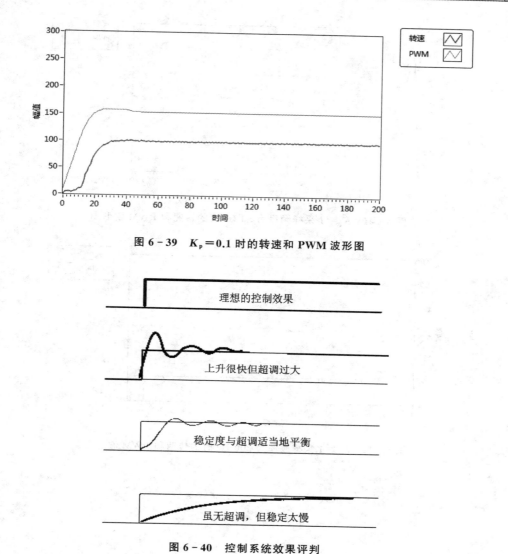

图 6 - 39　$K_p = 0.1$ 时的转速和 PWM 波形图

理想的控制效果

上升很快但超调过大

稳定度与超调适当地平衡

虽无超调，但稳定太慢

图 6 - 40　控制系统效果评判

　　图 6 - 33～图 6 - 39 所示是在转速采样频率为 100 Hz 的情况下调整比例系数获取的转速和 PWM 曲线，是通过观察曲线的形状来寻求最优的比例系数的。下面在比例系数为 1 的情况下，分别更改采样周期为 50 Hz 和 200 Hz 时，即定时时间分别为 20 ms 和 5 ms 时，20 ms 内的转速为 200，5 ms 内的转速为 50，转速和 PWM 的曲线，分别如图 6 - 41 和图 6 - 42 所示。与图 6 - 36 相比，图 6 - 41 所示的振荡明显过大，图 6 - 42 所示的稳定时间过长，这说明比例系数和采样速率有很大的关系，一般情况下，先确定采样频率，然后不断地调整比例系数。

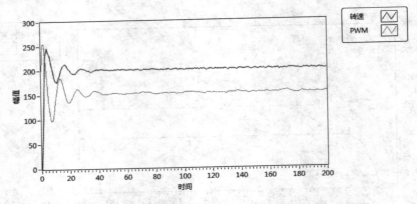

图 6 - 41 $K_p=1$ 采样频率为 50 Hz 时的转速和 PWM 波形图

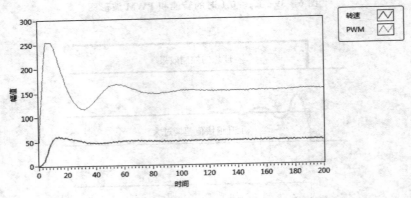

图 6 - 42 $K_p=1$ 采样频率为 200 Hz 时的转速和 PWM 波形图

第 **7** 章
生化环境类实验

7.1 心率测量

7.1.1 心率基本知识介绍

心率(Heart Rate)是用来描述心脏跳动周期的专业术语,是指心脏每分钟跳动的次数,即为心脏跳动的频率。心率是人体生理信号中较为重要的一项,也是较易采集和分析的。正常成年人安静时的平均心率在 75 次/min 左右,心率的正常范围为 60~100 次/min。心率可因年龄、性别及健康状况而不同,常用作疾病诊断的一项依据。

医院体检测量心率一般是医生通过听诊器来监听心脏跳动并估算出心率值,另外也有数字化的心率测量装置,而且市售的心率测量产品一般还带有血氧饱和度(SpO_2)的功能,如图 7-1~图 7-4 所示,只要把手指放在测量夹之中即可实现自动测量。其中图 7-1 和图 7-2 所示的心率测量装置还会实时显示心电跳动的波形。这些心率测量产品看起来很高深,但其实也可以 DIY 一个心率检测装置,测量自己和家人的心率,关爱自己和家人。

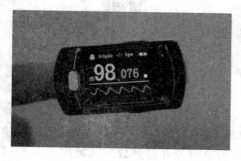

图 7-1 某心率测量产品 1

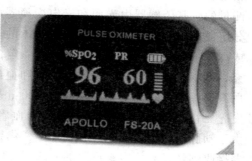

图 7-2 FS-20 A 心率测量产品

开始动手之前,先要了解一下心率的测量方法。传统的测量方法主要有三种:一是在皮肤通过电极时测量提取心电信号并计算心率;二是在测量血压时从压力传感器所测量到的波动来计算心率;三是采用光电容积法。目前市面上的心率带或者一些专业的心电采集设备一般使用第一种方式,即从采集到的 ECG(心电图)信号中直接计算 R-R 间期的时间就可以得到心率,不需要额外的硬件设备。光电容积法是一种简单且价格低廉的光学测量技术,可以探测微血管的血液体积变化,进而测量心率,具有方法简单、佩戴方便、可靠性高等特点。

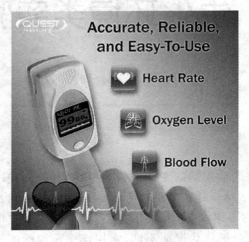

图 7-3 某心率测量产品 2

图 7-4 某心率测量产品 3

　　下面介绍所使用的心率传感器 Pulse Sensor。Pulse Sensor 是国外的一款开源心率传感器,是基于光电容积法原理实现心率测量的,传感器实物如图 7-5 所示。

　　具体来说,光电容积法是利用人体组织在血管搏动时产生的透光率不同来进行心率测量的。其传感器由光源和光电变换器两部分组成,通过绑带或夹子固定在人体的手指或耳垂上。传感器光源的选择有一定的讲究,一般采用对人体动脉血中的氧和血红蛋白有选择性的具一定波长(500~700 nm)的发光二极管。当光束透过人体外周血管时,

图 7-5 Pulse Sensor 传感器

由于动脉搏动充血使血管容积发生变化导致光束的透光率发生改变,同时,光电变换器接收到经过人体组织反射的光线,将其转变为电信号并将其放大和输出。图 7-5 中圆孔中间的半球状的器件即为发光二极管,圆孔下方的方形器件即为光电变换器。由于心率是随心脏的搏动而发生周期性变化的信号,动脉血管容积也发生周期性变化,因此光电变换器输出的电信号的变化周期就是心率。

除了传感器本身之外,还需有配套的附件,如耳夹、粘扣等。Pulse Sensor 传感器套件如图 7 - 6 所示。

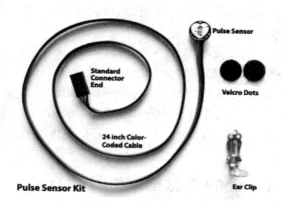

图 7 - 6　Pulse Sensor 传感器套件

除了上述的 Pulse Sensor 心率传感器之外,还有一些基于光电容积法测量心率的传感器,例如 Easy Pulse Sensor,它采用指夹式获取指尖心率数据,通过高穿透率的 IR 红外发射管发射不可见光以照射指尖,利用红外接收管接收反射光,其实物图和原理图如图 7 - 7 和图 7 - 8 所示。

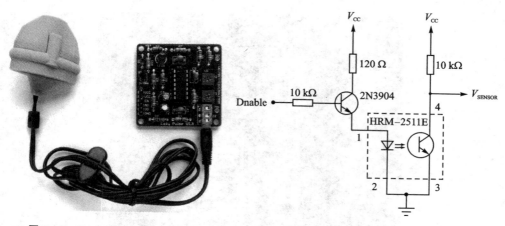

图 7 - 7　Easy Pulse Sensor 实物图　　　　**图 7 - 8　Easy Pulse Sensor 原理图**

Pulse Sensor 本质上是一个带有放大和消噪功能的光学放大器,通过佩戴在手指末端或者耳垂等毛细血管末端来检测血液量的变化从而得到人体的实时心率。由图 7 - 9 所示的 Pulse Sensor 传感器的反面可以看到,Pulse Sensor 只有 3 根线,电源、地和信号线,信号线输出模拟电压信号,且电压信号的大小和血液中的血容量成比例。

另外,还需要将配件中的透明贴膜粘在传感器表面以防止手指上的汗液将电路短路,背面粘上黑色圆形钩贴。将传感器紧贴手指的指肚,再用绑带缠绕,做到传感器和皮肤紧密接触即可。

在了解心率测量原理以及心率传感器 Pulse Sensor 之后,需要对 Pulse Sensor 传感器输出的电压信号进行采集,然后进行数据处理与分析,最终得到心率测量信号。下面将使用 LabVIEW 软件与 USB-6009 数据采集卡和 Arduino Uno 控制器配合实现 Pulse Sensor 心率传感器信号的采集、处理与分析。

图 7-9　**Pulse Sensor 反面**

7.1.2　基于 USB-6009 的数据采集器

由于 Pulse Sensor 心率传感器只有 3 个引脚,分别为 V_{CC}、GND 和 V_o,也就是说 GND 既是电源地,也是信号地。为了接线方便,此处使用单端输入模式,分别将 Pulse Sensor 心率传感器的 V_{CC}、GND 和 V_o 连接至 USB-6009 数据采集卡的 AI0/ AI0+、+5 V 和 GND 上。接线图如图 7-10 所示,其中白色线、黑色线和黄色线分别对应于 Pulse Sensor 心率传感器的 V_{CC}、GND 和 V_o。另外,由于 USB-6009 数据采集卡上的 GND 都是相连通的,所以,将 Pulse Sensor 心率传感器的 GND 连接至

图 7-10　**Pulse Sensor 心率传感器与 USB-6009 数据采集卡接线图**

USB-6009 数据采集卡的任何一个 GND 均可以。

　　连接好 Pulse Sensor 心率传感器和 USB-6009 数据采集卡之后,使用 USB 方口连接线(见图 7-11)将 USB-6009 数据采集卡和计算机 USB 端口连接起来,通过计算机 USB 端口对 USB-6009 数据采集卡进行供电和传输数据。

　　连接好硬件之后,编写 LabVIEW 软件,实现数据采集、处理与显示。打开 LabVIEW 软件之后,在前面板上放置波形图,修改"属性":将横坐标标签改为"时间/T",时间长度为 10 s;纵坐标改

图 7-11　USB 方口连接线

为"电压/V",最小值与最大值分别为 0 和 5。心率测量装置前面板如图 7-12 所示。

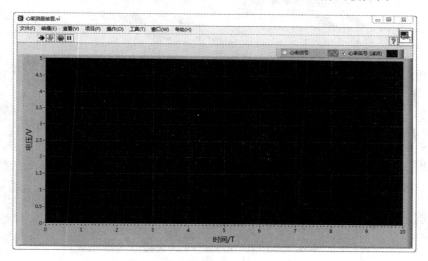

图 7-12　心率测量装置前面板

　　图 7-12 仅设置了人机交互界面,需切换至程序框图中,鼠标右击弹出"函数选板",在函数选板上选择 Express→输入→DAQ 助手,如图 7-13 所示,配置在程序框图上,然后即会弹出 DAQ 助手配置界面(见图 7-14),对其依次进行相应的配置。首先,单击"采集信号"前面的"+",并单击"模拟电压"前面的"+",选择"电压"信号,如图 7-15 所示,Pulse Sensor 心率传感器输出的为模拟电压信号。然后,单击"下一步"按钮,弹出如

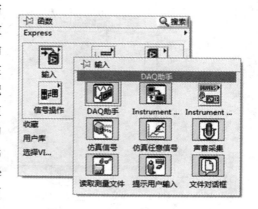

图 7-13　选择并配置 DAQ 助手

图 7-16 所示的界面,选择 Dev1(USB-6009)的物理通道 ai0,Pulse Sensor 心率传感器连接的是 ai0 输入端。最后,单击"完成"按钮,弹出图 7-17 所示的界面,将信号输入范围的最大值与最小值分别修改为 0 和 5,Pulse Sensor 心率传感器的电压信号范围为 0~5 V;将接线端配置由差分修改为 RSE,即单端模式,以 GND 作为信号地参考;采样率由 1 kHz 修改为 100 Hz;将通道设置中的通道名称由电压修改为心率信号,参数修改后的界面如图 7-18 所示。

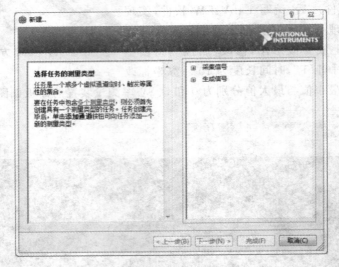

图 7-14　DAQ 助手配置界面

图 7-15　采集信号配置界面

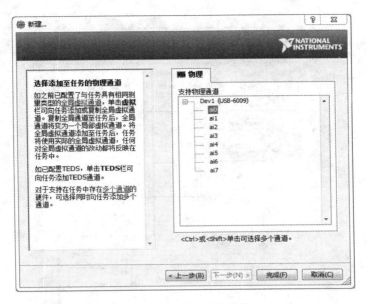

图 7 - 16　物理通道配置界面

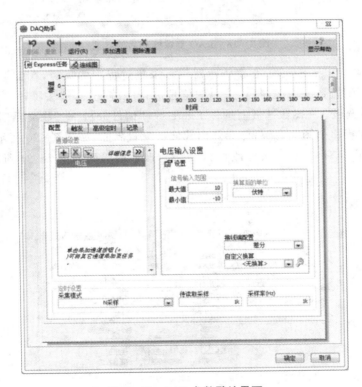

图 7 - 17　DAQ 参数默认界面

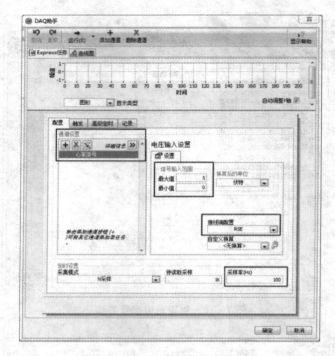

图 7 - 18　DAQ 参数修改后的界面

　　为了去除 Pulse Sensor 心率传感器信号采集过程中的噪声，在配置 DAQ 助手之后，还需要配置数字滤波器，对采集的信号进行滤波处理，滤去噪声干扰。鼠标右击弹出"函数选板"，在函数选板上选择 Express→"信号分析"→"滤波器"，如图 7 - 19所示，配置在程序框图上，然后即会弹出滤波器配置界面，如图 7 - 20 所示，将滤波器规范中的截止频率由 100 Hz 修改为 20 Hz，修改后的界面如图 7 - 21 所示。为了将

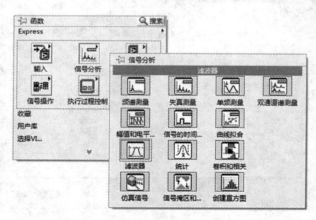

图 7 - 19　选择并配置滤波器

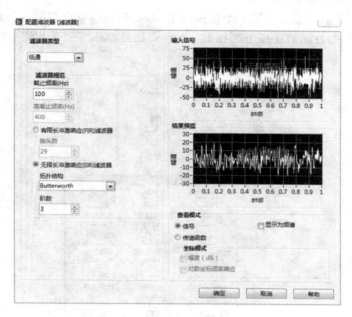

图 7 - 20　滤波器参数默认界面

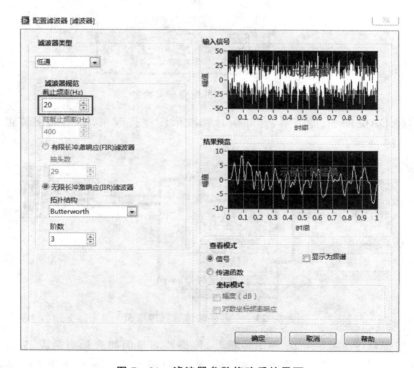

图 7 - 21　滤波器参数修改后的界面

滤波前后的心率信号显示在同一个波形图上,需要使用信号合并函数节点,鼠标右击弹出"函数选板",在函数选板上选择 Express→"信号操作"→"合并信号",如图 7 – 22 所示,配置在程序框图上。

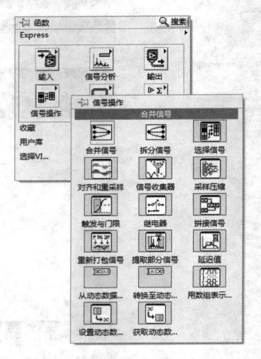

图 7 – 22　选择并配置信号合并

最后将 DAQ 助手、滤波器、合并信号和波形图连接起来,心率采集装置程序框图如图 7 – 23 所示。

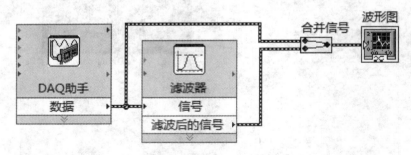

图 7 – 23　心率采集装置程序框图

用手指捏住 Pulse Sensor 心率传感器,传感器测量面朝着食指指腹,运行心率采集装置程序,采集两组数据,并进行滤波处理,得到如图 7 – 24 和图 7 – 25 的心率信号波形,通过对比滤波前后的心率信号,可以看出滤波前的数据噪声较大,导致的原因可能是 Pulse Sensor 心率传感器本身的信号处理不够完善,传感器电路上需要增加硬件低通滤波器,消除高频噪声的干扰;也可能是 DAQ 采样频率过高,将有效信号之外的高频噪声混合进了有效信号内。经过低通滤波器之后的信号明显平滑很多,如图 7-25 所示,心率信号特征非常明显,有种心电信号的感觉。10 s 内的采样期间,有 11 个完整的心率信号,则说明心跳频率约为 66 次/min。

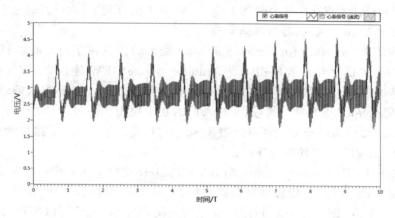

图 7-24　采集的心率信号波形

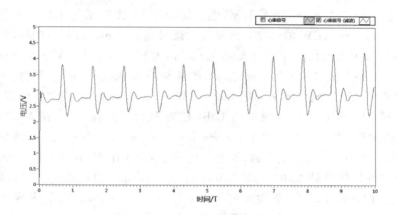

图 7-25　采集的心率信号滤波后的波形

上述为使用 NI 公司的 USB-6009 数据采集卡和 LabVIEW 软件对心率传感器 Pulse Sensor 的电压信号进行采集和滤波处理,从而确定了心率传感器 Pulse Sensor 输出信号的波形。读者可能要问如果没有 NI 公司的 USB-6009 数据采集卡,该如何采集心率传感器 Pulse Sensor 的电压信号并上传至 LabVIEW 软件呢? 下面介绍如何使用 LabVIEW Interface for Arduino 工具包将 Arduino 控制器与 LabVIEW 软件结合起来对 Pulse Sensor 传感器输出的电压信号进行采集,并进行数据处理与分析,最终得到心率测量信号。

7.1.3 基于 Arduino 控制器的数据采集器

首先介绍 LabVIEW Interface for Arduino 工具包。LabVIEW Interface for Arduino Toolkit 是 NI 公司(美国国家仪器公司)为 Arduino 开发的接口工具包。借助于这个工具包,可以很方便地使用 LabVIEW 软件与 Arduino 控制器实现测量与控制系统的设计。将这个工具包和 LabVIEW 软件结合起来,就可以通过 LabVIEW 软件实现与 Arduino 控制器的数据交换。

LabVIEW Interface for Arduino Toolkit 最大的优点在于内置有数百个 NI 公司开发的库,提供给开发者使用。当 Arduino 与 LabVIEW 连接之后,就可以使用 LabVIEW 中数百个内置的库开发新的程序算法来控制 Arduino 控制器,而且构建 UI(人机交互界面)也非常容易,适于初入门的新手使用。同时,LabVIEW Interface for Arduino 支持 Arduino 控制器通过 USB、串口、蓝牙或 XBee 等接口的形式与计算机上的 LabVIEW 软件进行连接。

目前,LabVIEW Interface for Arduino Toolkit 支持 LabVIEW 2010 及更高版本,它提供的函数库中的传感器有热敏电阻、光敏电阻、8 段数码管、RGB 发光管及舵机等。在 LabVIEW 中,使用打开、读/写、关闭等库函数,就可以实现对 Arduino 控制器的数字、模拟、PWM、I²C、SPI 信号的读写。而且只需要将与官方函数对应的 Arduino 程序烧写进 Arduino 控制器,然后使用 LabVIEW 编写上位机软件,即可实现 Arduino 与 LabVIEW 的连接。这是因为烧写进 Arduino 控制器的程序已经包含了官方函数库中已列的传感器所需的 Arduino 程序。目前 LabVIEW Interface for Arduino 仅支持 Uno、2009 及 Mega2560,推荐使用 Arduino Uno 控制器。

想要利用 LIAT 函数库来实现 LabVIEW 软件与 Arduino 控制器的连接需要安装三个软件:① 2010 及以上版本的 LabVIEW 软件;② 与 LabVIEW 软件配套的 VISA 驱动程序;③ LabVIEW Interface for Arduino Toolkit。LabVIEW 软件和 VISA 插件可以在 NI 网站上下载,本文使用的是 LabVIEW 2012 和 VISA 5.3。

下面讲解如何安装 LabVIEW Interface for Arduino Toolkit。首先,需要安装 VI Package Manager 软件,下载地址为 http://jki.net/vipm。安装完成之后,启动 VI Package Manager 软件,在窗口界面中找到 LabVIEW Interface for Arduino,单击 Install & Upgrade Packages 按钮,然后单击 Continue 等待软件下载完成。最后,单击 Finish 按钮,如图 7-26~图 7-30 所示。

完成 LabVIEW Interface for Arduino 工具包和 VISA 插件的安装之后,就可以使用 USB 电缆将 Arduino 与 LabVIEW 进行连接,然后将 LabVIEW Interface for Arduino 函数库中提供的 Arduino 程序烧录进 Arduino 控制器中。此程序目录为 \LabVIEW 2012\vi.lib\LabVIEW Interface for Arduino\Firmware\LVIFA_Base\ LVIFA_Base.ino。

当 LabVIEW 安装了 LabVIEW Interface for Arduino 工具包之后,在前面板和

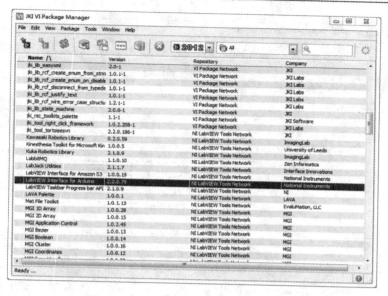

图 7 - 26　启动 VI Package Manager 软件

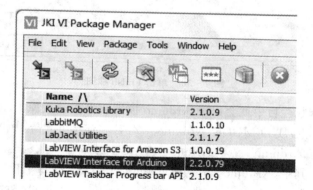

图 7 - 27　选择 LabVIEW Interface for Arduino

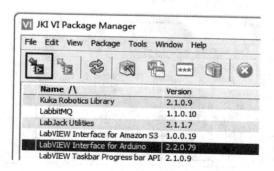

图 7 - 28　单击 Install & Upgrade Packages 按钮

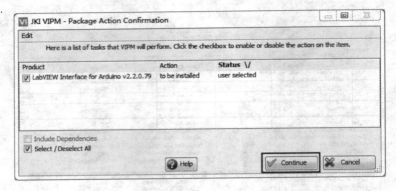

图 7 – 29　单击 Continue 按钮

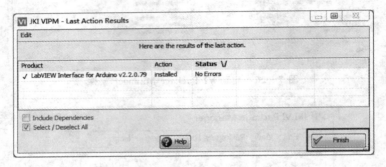

图 7 – 30　单击 Finish 按钮

程序框图中的函数栏目中就会出现 Arduino 控件和操作函数库。Arduino 控件包含模拟 I/O、数字 I/O、I/O MODE、Arduino TYPE 和连接方式等,如图 7 – 31 所示;操作函数库包含有 Arduino INIT、Arduino CLOSE、Low Level、Sensors、Examples,如图 7 – 32 所示。其中,Arduino INIT 和 Arduino CLOSE 是每个程序都必须具备的。在对 Arduino 控制板进行初始化设置,完成对 Arduino 预先设定的操作之后,关闭 Arduino 控制器,释放 Arduino 串口资源。

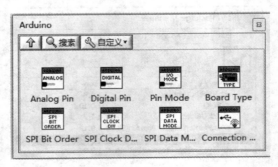

图 7 – 31　Arduino 控件库

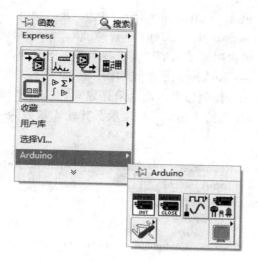

图 7 - 32　**Arduino 函数库**

Arduino INIT 函数节点如图 7 - 33 所示,输入参数有 VISA resource、波特率、Arduino 控制器的类型、连接方式(USB/Serial);输出参数为 Arduino 资源号。将其提供给后续函数对 Arduino 控制器进行操作。它的功能是初始化 Arduino 控制器,以使得 Arduino 板进入 LabVIEW 控制状态。除了 VISA 之外,其他的输入参数可以不指定,使用默认参数,即波特率为 115 200、采用 Arduino Uno 控制器和 USB/Serial 连接方式,每个包 15 个字节。

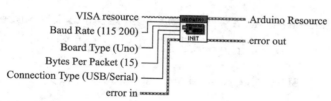

图 7 - 33　**Arduino INIT 函数节点**

Arduino CLOSE 函数节点如图 7 - 34 所示,输入参数为 Arduino 资源号,只有错误输出。其功能是关闭 Arduino 板的资源,断开 Arduino 与 LabVIEW 的连接。

图 7 - 34　**Arduino CLOSE 函数节点**

此处实现对心率传感器 Pulse Sensor 电压信号的采集,除了需要 Arduino INIT 和 Arduino CLOSE 函数节点之外,还需要使用模拟采样函数库。下面介绍模拟采样函数库。

模拟采样函数库包含 Continuous Acquisition On、Continuous Acquisition Off、Continuous Acquisition Sample 和 Get Finite Analog Sample 函数节点，主要用于通过 Arduino 控制器上的模拟量输入端口实现波形数据的采集。

Continuous Acquisition On 函数节点如图 7 – 35 所示，实现对连续采样模式的打开。此节点使 Arduino 控制器进入连续采样模式，并以设定的速率连续将模拟采样的数据写入到串口，提供给 LabVIEW 读取。其输入参数为采样速率和模拟量输入的端口号。

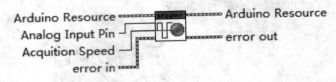

图 7 – 35　**Continuous Acquisition On** 函数节点

需要说明的是，采样速率的设置应小于 5 kHz；同时，当此模式打开时，其他的 LIFA 命令将会中断采样数据，所以在使用其他 LIFA 命令之前需要关闭连续采样模式。

Continuous Acquisition Off 函数节点如图 7 – 36 所示，实现对连续采样模式的关闭，此节点使 Arduino 控制器退出连续采样模式。在 Arduino 控制板进入连续采样模式之后，若还想使用其他 LIFA 命令来控制 Arduino 控制器，则需要使用此节点来关闭连续采样模式。

图 7 – 36　**Continuous Acquisition Off** 函数节点

Continuous Acquisition Sample 函数节点如图 7 – 37 所示，实现对连续采样数据的读取。输入参数为读取的采样点数和读取的速度，返回数据为读取的数据，为一维数组。

需要说明的是，在高采样速率下，数据的读取速率应该与串口中的采样数据数目相同步。

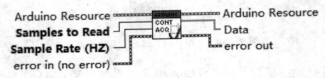

图 7 – 37　**Continuous Acquisition Sample** 函数节点

Get Finite Analog Sample 函数节点如图 7－38 所示,实现有限采样的功能。输入数据为指定引脚、采样速率和采样点数,输出数据为获得数据的点数和采样得到的数据。与 Continuous Acquisition On 节点相同,Get Finite Analog Sample 函数节点采样速率的设置应小于 5 kHz,这是因为采样速率受限制于 Arduino 控制器的性能。

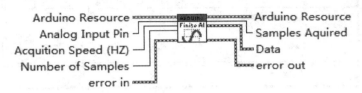

图 7－38 Get Finite Analog Sample 函数节点

最后,进行 LabVIEW 采集程序的编程。此程序修改自 LabVIEW Interface for Arduino 函数库中的示例,位于函数选板"函数"→ Arduino→ Example→ Finite Analog Sampling Example。修改后的 LabVIEW 前面板以及"采集"值改变事件和"清除"值改变事件程序框图如图 7－39、图 7－40 和图 7－41 所示。在软件运行前设置 Arduino Uno 控制板的串口号、采集端口、采样速率(Hz)和采样时间(s)。

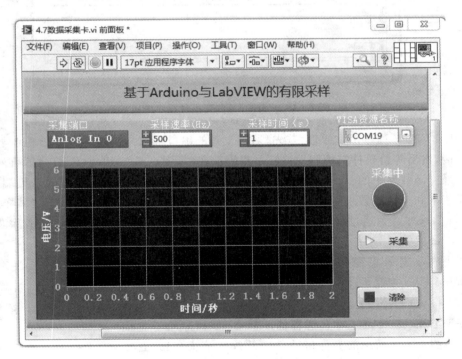

图 7－39 LabVIEW 前面板

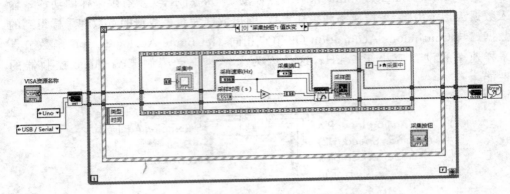

图 7 - 40   "采集"值改变事件程序框图

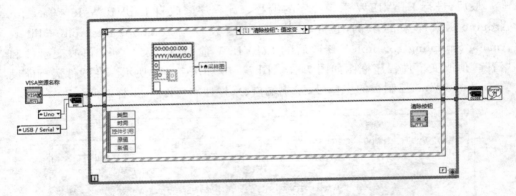

图 7 - 41   "清除"值改变事件程序框图

LabVIEW 程序工作原理:首先,通过设置的串口号来与 Arduino Uno 控制器建立连接,然后等待事件结构触发。若采集键被按下,则点亮"采集中"LED 灯,再调用模拟采样函数库中的 Get Finite Analog Sample 函数节点,使用设置好的采集端口、采样速率和采样点数来实现有限采样并送入波形显示控件,完成之后熄灭"采集中"LED 灯,采样点数通过采样速率和采样时间计算得到;若清除键被按下,则清除波形显示。最后关闭与 Arduino Uno 控制器的连接。

完成数据采集程序的编写之后,就需要将 Pulse Sensor 心率传感器连接到 Arduino Uno 控制器上。分别将 V_{cc}、GND 和 V_o 连接至 Arduino Uno 控制器的 +5 V、GND 和 A0 上。接线图如图 7 - 42 所示,其中白色线、黑色线和绿色线分别对应于 Pulse Sensor 心率传感器的 V_{cc}、GND 和 V_o。

将图 7 - 42 所示的上位机软件中的采样速率(Hz)更改为 1 000 Hz,采样时间(s)更改为 10 s,使用 LabVIEW 软件和 Arduino Uno 控制器结合起来的数据采集系统采集到的 Pulse Sensor 心率传感器的原始数据如图 7 - 43 所示,经过滤波处理之

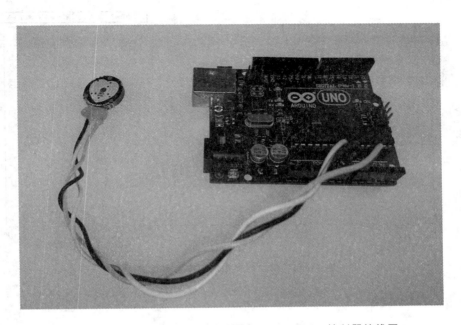

图 7 - 42　Pulse Sensor 心率传感器与 Arduino Uno 控制器接线图

后的心率信号如图 7 - 44 所示,与使用 USB - 6009 和 LabVIEW 软件所采集的心率信号波形非常相似,反映真实的心率信号。

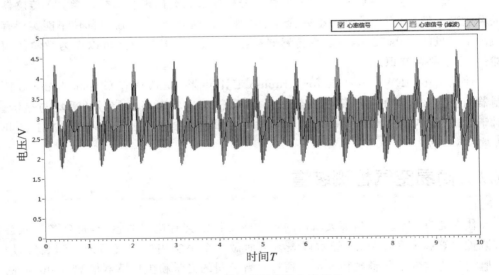

图 7 - 43　第二组采集的心率信号

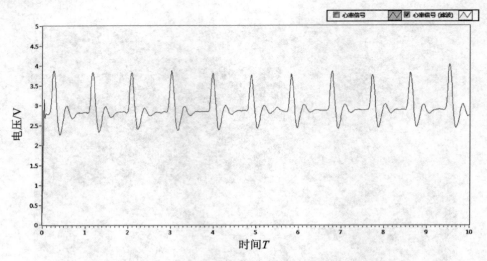

图 7 - 44　第二组采集的心率信号滤波后

7.1.4　总　结

从两组实验结果来看,通过 USB - 6009 或 Arduino Uno 控制器可以实现心率信号的采集,而且心率测量的效果还是不错的,能够实时捕捉到人体心率的变化。另外,Pulse Sensor 心率传感器存在以下缺点:① 电路上没有增益调节装置,测量部位不同时,输出信号的差别较大,有些时候信号幅度过大会出现"削顶"现象;② 传感器的灵敏度不够高,只能检测手指或者耳垂等血液末端处,对于手腕等部位不能实现有效测量。虽然 Pulse Sensor 心率传感器存在以上缺点,但是依然可以作为教学使用器件,用于科普知识。

使用 LabVIEW Interface for Arduino 工具包,将 LabVIEW 软件和 Arduino 控制器结合起来构建了一个简易的数据采集系统,可以实现高速信号的采集与显示。对于 LabVIEW 软件和 Arduino 控制器的更多知识可参考《Arduino 与 LabVIEW 开发实战》一书。

7.2　简易空气检测装置

住在北京、上海、广州等大城市的各位朋友肯定会有这样的感受,每到冬日就会有浓重的雾霾天气,PM2.5 经常爆表。下面做一个很实用的空气污染监测装置,用来监测身边空气中的颗粒物含量。通过夏普公司的光学粉尘传感器搭配 Arduino 的控制器和扩展板,马上就可以搭建出一个简易空气监测装置。即使没有那些专业的监测设备和权威报告,在家中也能科学客观地了解你时刻呼吸的空气质量。

7.2.1　传感器介绍

Sharp 光学粉尘传感器(GP2Y1010AU0F)对于像香烟烟雾这样的颗粒十分敏感,因此常用于空气净化系统。红外线发射二极管和光电晶体管对角式地排列在这款设备中,能够检测到空气粉尘中的反射光。这款传感器的电流消耗很低(最大电流为 20 mA,通常为 11 mA),并且能够在高达 7 V 的直流电下启动。传感器的模拟输出电压是同标准灰尘密度成比例的,其灵敏度为 0.5 V/0.1 mg/m³。传感器实物图如图 7 - 45 所示。

图 7 - 45　GP2Y1010AU0F 传感器

夏普传感器内部有一个红外发光二极管和一个光学传感器。每次接收到信号都会触发红外管发光,并被光学传感器捕获。其中的空气如果被灰尘遮挡,则会引起 PWM 波形的高低变化,经过外部 220 μF 电容平滑方波,形成可被测量的模拟波形。传感器内部原理框图如图 7 - 46 所示。

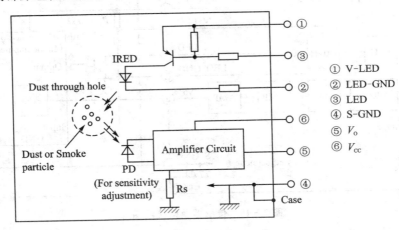

① V-LED
② LED-GND
③ LED
④ S-GND
⑤ V_o
⑥ V_{cc}

图 7 - 46　传感器内部原理图

传感器每次触发后,即可采样电压,计算得到浓度数据。假设触发时间为 T_0,则模拟电压达到可被测量的时间为 $T_0+0.28$ ms,复位时间为 T_0+1 ms,触发与采样图如图 7 - 47 所示。传感器输出的电压与浓度数据之间的关系如图 7 - 48 所示,输出电压 1.6～3.7 V 线性对应灰尘浓度（测量分辨率＞PM0.8）为 0～500 $\mu g/m^3$。

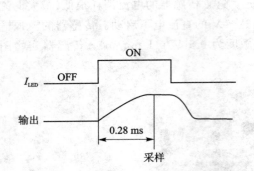

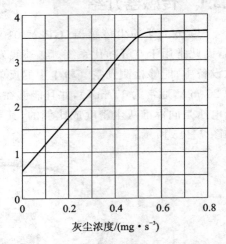

图 7 - 47　触发与采样图

图 7 - 48　电压与灰尘浓度关系图

7.2.2　硬件连接

　　光学粉尘传感器与一般单片机之间的典型接线图如图 7 - 49 所示。传感器有 6 根输入线，颜色分别是蓝、绿、白、黄、黑、红，编号分别为 1～6，如图 7 - 50 所示，对应图中的 1～6。

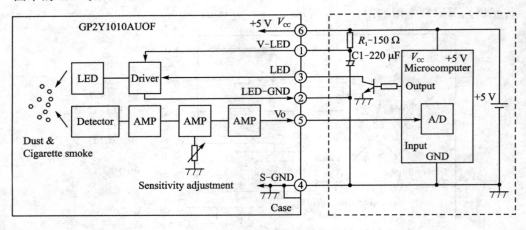

图 7 - 49　传感器典型接线图

　　GP2Y1010AU0F 传感器的引脚 1（V - LED）串联 1 个 150 Ω 的电阻至 Arduino 控制器 5 V 电源引脚，并在传感器引脚 1 和 GND 之间并联 1 个 220 μF 的电解电容，传感器引脚 2（LED - GND）接至 GND（接地），传感器引脚 3（LED）连接至 Arduino 控制器的数字引脚 D2，传感器引脚 4（S - GND）接至 Arduino 控制器的

图 7 - 50　传感器引线图

GND,传感器引脚 5(V_o)接至 Arduino 控制器模拟引脚 A0(空气质量数据通过电压模拟信号输出),传感器引脚 6 (V_{cc})接至 Arduino 控制器 5 V 电源引脚。

7.2.3　软件编程

按照传感器的触发与采样时序图编写测试程序,空气监测装置程序代码清单如下。测试程序中,首先触发红外线发射二极管,等待 0.28 ms,之后采样传感器输出的电压,然后等待剩余时间并关闭红外线发射二极管,最后将采样的电压值经计算得到浓度数据。

```
1    int measurePin = 0; //Connect dust sensor to Arduino A0 pin
2    int ledPower = 2;    //Connect 3 led driver pins of dust sensor to Arduino D2
3    int samplingTime = 280;
4    int deltaTime = 40;
5    int sleepTime = 9680;
6    float voMeasured = 0;
7    float calcVoltage = 0;
8    float dustDensity = 0;
9
10   void setup() {
11     Serial.begin(9600);
12     pinMode(ledPower, OUTPUT);
13   }
14
15   void loop() {
16     digitalWrite(ledPower, LOW); // power on the LED
17     delayMicroseconds(samplingTime);
18     voMeasured = analogRead(measurePin); // read the dust value
19
```

```
20    delayMicroseconds(deltaTime);
21    digitalWrite(ledPower, HIGH); // turn the LED off
22    delayMicroseconds(sleepTime);
23
24    // 0~5 V mapped to 0~1023 integer values
25    // recover voltage
26    calcVoltage = voMeasured * (5.0 / 1024.0);
27
28    // linear eqaution taken from http://www.howmuchsnow.com/arduino/airquality/
29    // Chris Nafis (c) 2012
30    dustDensity = 0.17 * calcVoltage - 0.1; //得出浓度(mg/m³)
31
32    Serial.print("Raw Signal Value (0 - 1023): ");
33    Serial.print(voMeasured);
34    Serial.print(" - Voltage: ");
35    Serial.print(calcVoltage);
36    Serial.print(" - Dust Density: ");
37    Serial.print(dustDensity * 1000); //这里使用更为广泛的单位(μg/m³)
38    Serial.println("μg/m³");
39    delay(1000);
40  }
```

7.2.4 实验与演示

基于 Arduino Uno 控制器搭建了测试环境,硬件接线如图 7-51 所示。测量得到的烟尘浓度值如图 7-52 所示,数据相对稳定。不过,由于是廉价的传感器,它与专业的传感器有一定的差距,可以作为参考使用。

图 7-51 测试硬件接线图

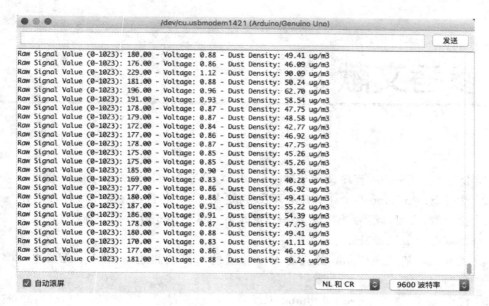

图 7 - 52　测试数据

参考文献

[1] 陈吕洲. Arduino 程序设计基础[M]. 北京:北京航空航天大学出版社,2013.

[2] 沈金鑫. Arduino 与 LabVIEW 开发实战[M]. 北京:机械工业出版社,2014.

[3] 沈金鑫,方可,顾洪. 电子达人——我的第一本 Arduino 入门手册[M]. 北京:人民邮电出版社,2016.

[4] 沈金鑫. 基于 Arduino 的具有温度补偿的超声波测距系统[J]. 无线电,2013(12):43-45.

[5] 沈金鑫,冯倩. ZigBee＋Arduino 无线温度测量装置[J]. 无线电,2014(1):32-33.

[6] 沈金鑫,冯倩. 基于 Arduino 与 LabVIEW 的直流电机转速控制系统[J]. 无线电,2014(7):49-55.

[7] 沈金鑫. 用 Arduino 玩转传感器(1)温度测量篇[J]. 无线电,2014(10):20-27.

[8] 沈金鑫,冯倩. 用 Arduino 玩转传感器(2)距离测量篇[J]. 无线电,2014(11):29-33.

[9] 沈金鑫,冯倩.用 Arduino 玩转传感器(3)漫谈心率测量[J]. 无线电,2015(2):40-44.

[10] 沈金鑫. 用 Arduino 玩转传感器(4)漫谈力与质量的测量[J]. 无线电,2015(3):33-37.